대통령을 위한
과학 에세이

대통령을 위한 과학 에세이

science essay

어느날 과학이 세상을 벗겨버렸다

이종필 지음

글항아리

머리말

 내 또래의 사람들도 그랬겠지만, 나 또한 어릴 적 꿈은 과학자였다. 왜 그랬는지 정확한 이유는 생각나지 않지만 아마도 그때 동네 꼬마들의 마음을 훔쳤던 로보트 태권V나 마징가Z가 큰 영향을 끼친 것은 분명하다. "나도 커서 저런 로봇을 만들어야지."
 그렇다고 초등학교 때 과학 과목(그때는 아마 '자연'이었을 게다)을 잘했다거나 큰 흥미를 느낀 것은 아니었다. 초등학교 2학년 때로 기억되는데, 자연 수업시간에 선생님께서 "왜 물체는 땅으로 떨어질까요?"라고 질문하자마자 적지 않은 학생들이 "중력 때문에요" "지구가 끌어당기기 때문입니다!"라는 대답을 쏟아내는 것을 보고 큰 충격을 받았다. 나랑 똑같은 코흘리개로만 알았던 반 친구들이 그런 기특하고 놀라운 생각을 하고 있다는 사실을 도저히 믿을 수가 없었다.
 더 놀라운 사건은 그해(1979) 가을 소풍 다음 날 일어났다. 대통령각하께 뭔가 큰 문제가 생긴 것 같은데 분위기가 침울했다. 전날 소풍 이야기보다 더 심각한 건가? 그렇게 어리둥절해하고 있는 와중에 한 친구가 선생님께 눈물을 글썽이면서 이렇게 말했다. "선생님, 이제 우리나라는 누가 다스려주시나요?" 어린 마음에 그 친구의 사회를 바라보는 시선과 나라 사랑하는 지극한 마음이 무척이나 부러웠다. 왜 나는 저만한 애국심도 없는 못된 아이일까 하고.

중학교 1학년 때는 친구들과 함께 '사이언스 클럽'을 만들기도 했다. 일종의 스터디 모임이었다. 물론 내가 주도적으로 결성한 것은 아니었다. 그땐 일본 저자들이 쓴 문고판 과학서적을 구해다가 같이 공부하곤 했는데, 상대성이론이나 유전공학 등 지금 생각해도 아찔한 내용들이 담겨 있었다. 이런 우리를 갸륵하게 여겼는지, 물상(지금의 물리, 화학, 지구과학을 합친 과목) 선생님과 생물 선생님이 많은 도움을 주셨다.

내가 다닌 중학교는 비교적 신생이라 과학실이 풍성했다. 선생님도 젊은 분들이 많고 의욕적이라 생물시간에는 토끼해부 실습도 했으며, 주말에는 '사이언스 클럽' 멤버들을 데리고 채집을 다니기도 했다. 나중에 대학에서 일반물리 실험을 할 때 수년 전 중학교 과학실과 크게 다르지 않다는 사실에 아주 실망했던 기억이 있다.

과학을 진지하게 고민했던 것은 역시 고등학교 때였다. 다들 짐작하겠지만 그것은 과학 자체에 대한 고민이었다기보다 대학 진로와 관련된 것이었다. 그때는 이미 태권V를 만드는 것이 과학의 전부가 아니라는 것도, 어린 시절 자유낙하의 원인이 중력이라고 외치던 급우들이 과외공부를 했었다는 것도, 그리고 박정희가 아니더라도 이 나라를 '다스려줄' 사람은 아주 많다는 것도 알고 있었다.

결국 물리학과를 선택하는 데에는 가장 근본적인 것을 다루는 학문이라는 점이 크게 작용했지만, 재수를 했더라면 문과로 옮겨서 법대나 정치학과를 지망할 생각까지 했었다. 아무래도 당시의 시대 상황이 큰 영향을 준 것 같다. 1987년에 고등학교에 들어갔으니까 전교조 문제로 한참 시끄러웠던 1989년에 나는 고3이었다.

우리 학교에서도 무려 23명의 선생님이 전교조에 가입했기 때문에 그해 내내 학교는 바람 잘 날이 없었다. 그때 나는 처음으로 어릴 적부터 가져왔던 과학자라는 꿈에 회의를 품기 시작했다. 아무리 생각해봐도 과학적 이론이나 발견, 혹은 그에 대한 신념 때문에 목숨을 거는 사람은 없어 보였다. 그런데 종교나 사상을 위해서라면 수천 년, 아니 그보다 더 오랜 시간 동안 무수한 사람들이 기꺼이 피를 흘리지 않았던가. 내가 가고자 하는 과학자의 길보다 지금 저 거리의 대학생들이 외치는 민주주의가 훨씬 더 고귀한 것은 아닐까? 그렇지 않다면 왜 저 사람들이 그토록 처절하게 권력에 맞서고 있는 것일까?

고등학교 입시교육에서 무얼 그리 배울 수 있었겠냐마는, 내가 선택한 '이과'에서는 더더욱 이 고민을 해결할 길이 없었다. 내가 가고자 하는 과학의 길과, 지금 막 내 옆에서 벌어지고 있는 사회 현실, 이 순간에도 끝없이 굴러가는 역사의 수레바퀴 사이에서 그 어떤 타협이나 연결 통로를 찾을 길이 없었다.

지금도 마찬가지이지만, 당시에도 문과와 이과의 구분은 엄격했다 (이 엄격한 구분은 예나 지금이나 대한민국이 유일하다). 그리고 그 구분은 같은 학교 내에서도 문과와 이과만의 독특한 분위기와 문화를 만들어냈다. 대입 학력고사가 얼마 남지 않았던 89년 가을의 어느 날, 전교조 문제로 해직된 세 분의 선생님 때문에 우리 학교 고3 문과 네 반은 모두 수업을 거부하고 운동장으로 뛰쳐나갔다. 이과 여덟 반은 그 친구들의 '선동'에도 아랑곳 않고 말없이 교실을 지켰다.

운동장 쪽에서 들려오는 함성소리, 고함소리, 선생님들의 뛰어다니는 소리…… 그 모든 소리를 뒤로하고 우리는 긴 침묵 속에서 그렇게 책을 펴놓고 있었다. 잔인했던 침묵의 시간들은 1989년의 눈부신 가을 하늘을 갈라오르며 그 흐름이 멈추는가 싶더니 이내 추상같은 비수가 되어 우리의 심장에 내리 꽂혔다. 다시 태어난다면 나를 지금 여기 앉혀놓은 이과를 선택하지는 않으리라, 과학자의 길을 가지 않으리라 그렇게 다짐했었다.

고등학생 때의 이런 고민들 때문이었는지 대학 시절 나는 자연스럽게 학생운동에 가담하게 되었다. 그 때문에 전공 공부에 몰두하지는 못하면서, 이와는 한참 거리가 먼 사회과학이나 역사를 엄청나게 공부해야 했던 점은 큰 고통이기도 했다. 흔히 386 운동권들이 무식하다고 비난하는데, 내 경험으로 보면 이는 사실이 아니다. 당시 사회의 어느 분야보다 가장 경쟁이 치열했던 공간이 바로 학생운동이었다. 분명 사회과학이나 인문학을 전공하는 사람들은 이 경쟁이 훨씬 더 수월했을 게다.

하지만 반대로 생각하면 그것은 축복이었다. 1990년대 초반은 부문계열운동으로서의 과학기술자 운동이 태동하여 주목을 받았던 시기다. 한편으로 보자면 자연과학이라는 전문성을 갖춘 운동권이 된 셈이고, 다른 한편으로 보자면 인문사회학적 지식을 조금이라도 접한 과학도로 여길 수 있기 때문이다.

그러나 이 '두 문화'에 양다리를 걸쳤던 나는 어느 쪽에도 온연히 속하지 못한 경계인이기도 했다. 인간의 운명은 참으로 얄궂은지, 4년 내내 열심히 실험하고 문제 풀고 물리에 몰두했던 많은 친구들은 지금 물리와는 전혀 상관없는 일들에 종사하고 있고, 그 4년 동안 거리를 누볐던 나는 오히려 물리학자의 길을 가고 있다.

비록 내가 예전에 대단한 운동권도 아니었고, 지금 역시 그다지 훌륭한 물리학자는 아니지만, 어쩌면 나 같은 위치에 있는 사람이 '두 문화'를 이어주고 화해시키는 데에 역할을 할 수 있지 않을까 하는 생각이 들었다. 그 두 문화가 원활하게 소통하기 위해서는 일정한 프로토콜이나 적절한 인터페이스가 필요하기 마련이다. 저쪽 문화의 사람들에게 과학 자체를 이해시키고 그 중요성을 설파하기 위해서는 과학 문화의 언어와 관습을 알아야 하고, 반대로 누군가가 나와 같은 과학자들에게 세상이 어떻게 돌아가는지를 설명하려면 이 바닥의 생리를 이해해야만 한다.

적어도 우리 사회에서 과학은 문명의 이기나 막대한 돈벌이를 가능케 해주는 도깨비 방망이 수준을 아직 넘어서지 못한 것 같다. 그렇기에 과학과 과학자는 우리 사회가 작동하고 일상생활이 돌아가는 것과는 약간 동떨어진 무엇으로 여겨지기도 한다. 과학이 중요하다고 누구나 인정하면서도 정작 우리 생활은 그다지 과학적으로 영위되지 못하는 것도 이 때문이다. 혹자는 생활의 과학화를, 버스의 작동 원리나 오염물질의 영향 등을 잘 파악하는 것 정도로만 여겨 그 의미를 매우 협소화시키기도 한다.

우리 생활과 사회를 과학화한다는 의미를 제대로 알려면 '가장 합리적이고 이성적인 사고과정으로서의 과학'을 이해할 필요가 있다. 이런 이해가 부족했기에 과학자인 황우석 교수보다 비과학자인 PD수첩이 더 과학적일 수도 있다는 상식을 배우기 위해 우리는 큰 대가를 치러야만 했다.

과학적인 사고과정은 실험실이나 강의실에서만 필요한 것이 아니라 오히려 여의도 국회의사당에서 가장 절실해 보인다. 우리는 정치에서, 사회에서 그리고 보통의 생활 속에서 과학의 원리들과 합리적이고 이성적인 사고를 하는 것 자체를 교육받지도 못했다. 내 생각에는 이것이 소위 '선진국'으로 나아가는 데에 가장 큰 장애물이 아닐까 싶다.

2008년 출범한 이명박 정부의 핵심적인 국정 목표도 선진국 진입이듯이 한국사회에서도 '선진국'이 중요한 화두가 된 지 오래다. 그러나 지금 운위되는 선진국은 몇몇 거시경제 지표의 목표치를 달성하는 것으로 둔갑했다. 우리는 선진국이 되기 위해 돈을 많이 벌어야 한다는 통념에 쉽게 빠져든다. 말하자면 선진국이라는 가치를 돈으로 사겠다는 것이다. 그러나 진정한 선진국은 가치를 팔아 돈을 버는 나라다. 우리는 그런 가치를 캐내려 하기보다는 자동차와 반도체를 판 돈으로 그 모든 가치를 살 수 있다는 착각에 빠진 건 아닐까?

나는 돈으로 사들이는 허상 같은 선진국보다는 대한민국이 진정한 '문명국가'로 거듭나는 것이 훨씬 중요한 과제라고 생각한다. 매일같이 문명의 이기를 향유하고 있는데 웬 문명이냐고 반문할지도 모르겠다. 그렇지만 한 사회가 문명화된 곳이라고 자부하려면, 인간과 자연을 바라보는 독자적이고 자생적인 통찰력이 있어야 할 것이다. 우리가 발 딛고 서 있는 이 땅과 모든 생태계와 그리고 우리 자신에게 이르기까지, 이 모두를 잘 알지도 못하면서 스스로를 문명인이라고 말할 수 있을까?

이런 관점에서 보자면 한국은 여전히 야만스런 면들이 곳곳에서 발견된다. 우리가 한반도의 대기 상태를 우리의 위성으로 들여다보기 시작한 것은 아주 최근의 일이다. 한국전쟁의 세계적인 전문가는 시카고 대학에 있고 고구려를 연구하는 사람들은 중국에 훨씬 더 많다. 이 땅에서 전쟁이 일어났는지 아닌지를 판단하는 것은 국군통수권자인 대한민국 대통령이 아니다.

나는 과학이 이 모든 문제를 해결해주리라고는 생각지 않는다. 그렇지만 매우 중요한 출발점이 되리라고는 확신한다. 과학은 언제나 가장 근본적인 문제를 고민하며 합리적인 사고방식으로서의 방법론을 가장 철저하게 관철시켜왔기 때문이다. 그리고 그 방법론은 인간

지성의 경계를 확장시키는 데에 놀라울 정도로 성공적이었다. 경제든 외교든 역사든 과학으로 환원되거나 대체될 수 없는 수많은 요소들이 문명사회를 구성하겠지만, 그 많은 요소들이 통속적인 의미에서라도 '과학적'이지 않다면 우리는 그 '비과학적'인 요소들에 뭔가 문제가 있다고 생각할 것이다.

다른 한편으로 나를 포함한 동료 과학자들은 대체로 세상 물정에 많이 어둡다. 많은 경우 돈의 액수가 10억을 넘어가면 그다음은 모두 무한대로 인식하곤 한다. 정부가 1년에 얼마만큼의 돈을 어디에다 쓰는지, 기초과학에 어떤 정책을 세우고 있는지, 그것이 사회적으로 어떤 의미가 있는지 잘 모르는 과학자들이 태반이다. 더 큰 문제는 과학이라는 활동과정 자체가 갖는 특성에 대해 과학자들 스스로가 오해하는 부분도 많다는 점이다. 여전히 내 주변의 적지 않은 동료들은 과학이란 실험적으로 검증되는 것이어야만 한다거나 경험적 지식의 총체라는 이해 수준을 벗어나지 못하는 것도 사실이다. 이는 아마도 과학이라는 경계를 잠시라도 벗어나서 그것을 성찰할 기회가 없었기 때문이리라.

이처럼 우리 사회에서 두 문화의 단절은 각 문화에 속한 사람들이 스스로의 문화를 올바르게 이해하는 것조차 방해해왔다. 나는 나의 일천한 경험들이 이 단절을 극복하는 데에 조금이라도 보탬이 될 것이라는 희망을 가지고 있다. 요즘 유행하는 '통섭'이 실제의 일정한 흐름으로 드러난다면 이 단절의 극복이야말로 가장 먼저 맞닥뜨릴 문제일 것이다.

이런 이유들로 해서 나는 오마이뉴스에 과학 부문 기획기사를 연재하게 되었다. 사회적으로 큰 관심을 두지 않는 분위기 속에서 내게 소중한 공간을 할애해준 오마이뉴스에 마음의 빚을 지고 있다. 더욱이, 수많은 악플들 속에서도 한 줄기 덕담으로 힘을 보태준 이름 없는 네티즌들에게 깊이 감사드린다. 이 책 내용의 상당 부분은 그때 기사들에 기초한 것이다. 그리고 그 기사들에 꾸준히 관심과 격려를 보내준 몇몇 분들 덕분에 이 책이 세상 빛을 쬐게 되었다.

나처럼 전문직에 종사하는 사람들은 사회에 대한 일종의 봉사정신이 있어야 한다. 그들이 자신의 전문지식을 틀어쥐고 권력화하기 시작하면, 소수의 전문가 집단은 배를 불리겠지만 사회 전체는 불행해지기 때문이다. 나라고 해서 특출한 공익정신이 있을 리는 만무할 터, 이 글들로 지금껏 나를 키워준 이 사회에 처음으로 봉사할 수 있다면 그보다 기쁜 일은 없을 것이다.

2009년 4월 홍릉에서
이종필

차례

머리말 _005

제1부 politics 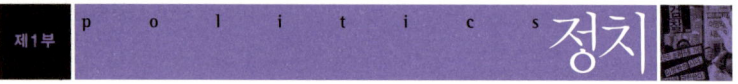 정치

대통령을 위한 물리학 1 _020
―대통령 지망생에게 '물리학'은 전공필수

과학적 사고의 '불능'이 초래할 위험성 | 정치와 종교의 분리만 알아도 훌륭한 대통령감? | 최소한의 상식과 최소한의 원칙

대통령을 위한 물리학 2 _028
―부패한 정치인이 한 방에 검증되지 않는 까닭

한두 가지 반격은 이론을 흔들지 못한다 | 이명박은 가장 '잘 갖추어진 이론' | 정치에서의 뒤엠-콰인 명제

대통령을 위한 물리학 3 _036
―터무니없이 낮은 엔트로피, BBK 사건

과학자들이 엔트로피 증가의 법칙을 믿는 이유 | 엔트로피 이론으로 이해할 수 없는 BBK 사건 | 엉터리 과학논문보다 솔직한 고백이 낫다

정치에 대한 객관적 관찰은 가능한가? _044
―관찰의 이론 의존성

실험이 이론을 이길 수 없는 이유 | 새로운 실험 결과는 유예기간이 필요하다 | 무능한 좌파정권이 나라를 망친다?

1인 1표는 자연의 원리? _057
―진화론과 우주론

우주는 팽창한다 | 비균질성에서 불평등성으로 | 1인 1표가 갖는 의미

제2부 culture 문화

스필버그를 매혹시킨 물리학자 _068
— 랜덜과 선드럼, '위계 문제'의 돌파구를 찾다

다섯번째 차원이 모습을 드러내다 | 스토리 생산에서 자연과학이 절실한 이유

"상상력이 지식보다 중요하다"_077
— 생물학자가 만들어낸 영화

물고기 전문가의 강의로 만들어진 영화 | 인문학이 도와줘야 과학이 그럴듯해진다

과학이 아름다울 수 있을까? _084
— 과학 이론과 아름다운 스토리라인의 5가지 상관관계

과학과 TV 드라마의 공통점 | 과학의 아름다움을 떠받치는 다섯 가지

미세 조정의 문제를 넘어선 한국 드라마 _116
— 「태왕사신기」와 「주몽」의 차이점

판타지와 실사의 부조화 | '위계 문제' 혹은 '미세 조정의 문제' | 스토리 일관성 없는 「디 워」 | 가장 과학적인(?) 김수현의 드라마

한국 영화, 제작비 100억 원에 과학 자문료는? _135
— 고전역학이 부족했던 「신기전」

'인식' 없는 '수식'으로서만 존재하는 과학 | '과학적'이지 않고 '무협적'이었던 「신기전」

제3부 society 사회

인류의 무지를 증명한 물질 _146
― 우주상수가 정말 암흑 에너지일까?

우주에 대한 인류의 무지를 극명히 보여주다 | 암흑물질과 암흑 에너지의 정체 | "왜 하필 지금 우주가 가속팽창할까?"

암흑물질도 살리지 못한 미국 경제 _156
― 하우스만과 스투제니거의 암흑물질 설

해외투자가 바로 '암흑물질' | '보이지 않는 손'의 작용?

과학자와 사주·풍수 _163
― 과학적 원리로 설명한 배산임수

반증이 가능해야 '과학' | 음양오행은 보편적 환경을 코드화한 것 | 사주에는 정량적 분석이 없다 | 과학이 말할 수 있는 풍수의 문제

정치·외교에도 과학이 필요하다 _179
― 정량화와 모형화, 그리고 시뮬레이션

언론사는 왜 과학적이지 않은가 | 과학화 전투훈련이 이뤄낸 것 | 북한 군대가 정말 한국보다 뛰어날까? | 국가 간 갈등은 과학적으로 분석되어야 한다

게임이론으로 분석한 미국산 쇠고기 협상 _194
― 수학 이론이 말하는 성공적인 위협

협상의 과학적 조건에 대한 고찰 | 한국은 합리적인 플레이어인가? | 전문화해야 통합적 시야를 키울 수 있다

제4부 human 인간

우리가 알 수 있는 것은 확률뿐이다 _ 208
―양자역학의 세계

에너지 덩어리로서의 빛의 성질 입증한 광자가설 | 양자역학의 정신을 실현하다 | 코펜하겐 해석의 탄생

중력 이론 없이 우주 연구가 가능할까? _ 220
―한국의 첫 우주인

태곳적부터 짊어졌던 한국인의 '천형' | 근본이 밑바닥인 한국 과학 | "우주여행은 보여주기식 운동경기"

양자역학과 관찰자 _ 231
―관측자의 중요성과 고착되지 않는 고유 상태

관측의 결정적인 역할 | "관측 없인 고양이도 어정쩡하게 있다"

세상에서 가장 아름다운 물리학 방정식 _ 242
―우주상수와 인류원리

질량이 있으면 시공간은 휘어진다 | 양자역학과 중력을 꿰뚫을 이론 | 미로에 빠지는 듯한 인류원리

'인류원리'가 실종된 한국 정부 _ 258
―디오클레티아누스의 교훈

시스템으로 환원되지 않는 인간 자율성 | 로마 천 년의 역사가 보여주는 '여백' | '인류원리'가 빠져 있는 쇠고기 협상

politics 제1부

정치

대통령을 위한 물리학 1

대통령을 위한 물리학 2

대통령을 위한 물리학 3

정치에 대한 객관적 관찰은 가능한가?

1인 1표는 자연의 원리?

대통령을 위한 물리학 1
대통령 지망생에게 '물리학'은 전공필수

■ 과학적 사고의 '불능'이 초래할 위험성

미국 버클리 캘리포니아 주립대에는 '미래 대통령을 위한 물리학Physics for future Presidents'이란 과목이 있다(http://muller.lbl.gov/teaching/Physics10/PffP.html). 이 과목을 개설한 리처드 뮬러Rechard Muller는 뛰어난 정부 자문이었던 경력이 있다. 과연 어떤 내용을 가르칠까 하고 봤더니 제1강이 에너지와 폭발물에 관한 내용이었다. 세상에서 가장 많은 에너지를 소비하고 있고 세상에서 가장 많은 핵무기를 보유하고 있으며 그것을 세계 지배의 근본 동력으로 삼고 있는 만큼 매우 적절한 선택이라는 생각이 들었다.

물론 이 과목은 과학과는 거리가 먼 전공의 학생들을 위해 개설되었다. 강의 내용을 엮어 책으로도 이미 나왔는데, 간혹 숫자가 좀 나

'미래 대통령을 위한 물리학'이 개설된 뮬러 그룹 홈페이지.

오기는 해도 복잡한 수식은 거의 찾아보기 어렵다. 이 과목은 버클리 최고의 강좌로 뽑히기도 했다.

고등학교 때부터 문과·이과가 철벽처럼 구분되어 수많은 사람들이 제대로 된 과학교육을 평생 받기 어려운 우리 상황에서 이러한 과목 개설은 꿈 같은 일로 여겨진다. 지금까지의 대한민국 대통령들이 그러했듯이 대한민국의 미래 대통령도 법률가나 사업가 같은 문과 출신이 압도적으로 많지 않을까? 그들도 지금과 같은 교육구조 속에서 학창시절을 보낸다면 교양과학조차도 제대로 배우지 못할 것 같다. 솔직히 대한민국 대통령과 과학의 거리는 과거든, 현재든, 미래든, 청와대와 홍릉(내 연구실이 있는 곳)보다 더 멀어 보인다.

정치인이나 대통령이 물리학자가 될 필요는 없다. 그러나 정치인과 대통령이 '과학적 사고'를 하지 못한다면 문제는 자못 심각해질 것이다. 지난 수십 년 동안 우리는 눈만 뜨면 정치인들과 대통령의 어이없는 주장들을 묵묵히 들어왔다.

주체적인 근대화와 계몽에 실패한 우리 역사를 돌아보면 과학이란 일상생활과는 거의 관계없는 그 무엇이었다. 때로는 이 땅을 점령한 열강들의 무력으로 각인되었고 때로는 반도체 같은 돈벌이를 위한 도깨비 방망이로 인식되는 게 사실이다. 지금은 우리도 어느 정도 먹고 살만한 형편이고 늘 과학문명의 이기 속에서 그 혜택을 누리고 있기 때문에 이제는 과학이 우리 일상과 아주 가까이 있다고 느낄지도 모를 일이다.

그러나 여기에는 한 가지 가장 중요한 요소가 빠져 있다. 우리가 아무리 반도체를 잘 만들고 우주선을 쏘아 올린다고 하더라도 '가장 합리적인 사고방식으로서의 과학'이 사회에서 체화되지 않는다면 여전히 야만의 수준에 머무를 수밖에 없다. 아마도 대한민국 정치판은 이 야만의 가장 적나라한 본보기가 아닐까.

합리적인 이성에 기초해서 계몽의 시대를 거치고 근대 및 현대 과학의 혁명적 발전을 주도한 서양에서는 '이성적인reasonable' 사고방식이 널리 퍼져 있다. 이치에 맞지도 않고 근거도 없는 주장이 대중적으로 받아들여지기 어렵다. 그러나 우리나라에서는 여전히 목소리만 크면 만사형통이다. 문화평론가 진중권은 이를 문자나 텍스트 없이, 결과적으로는 '논리' 없이 감성적 대화에 길든 결과라고 했는데, 나는 이것을 과학적 전통의 부재로 이해하고 있다.

이 때문에 우리가 치른 값비싼 대가를 일일이 나열하기도 힘들겠지만 2005년 황우석 사태나 최근의 '제로존 이론' 해프닝을 들여다보면 우리 사회가 얼마나 과학적 논리의 취약함에 노출되어 있는지 짐작할 수 있다. '과학적'이라는 개념은 대체로 방법론에 대한 것이라는 점을 사람들은 종종 잊어버린다.

그래서 황우석처럼 유명한 과학자조차도 비과학적일 수 있으며 방송국 PD처럼 전혀 전문 지식을 배우지 않은 사람도 아주 과학적일 수 있다는 점이 받아들여지기가 무척 어려웠다.

제로존 이론이란 아마추어 물리학자 양동봉 표준반양자물리연구원 원장이 제시한 것으로, 질량(kg), 시간(초), 길이(m) 등 7개 기본 단위를 숫자로 변환해 모두 통일시킬 수 있다는 주장이다. 노벨상 0순위라는 말들이 오갔으나, "가정부터 잘못됐다"는 것이 여러 방법으로 입증됐다.

이름난 과학자나 학술지 등의 권위에 대한 이런 식의 복종은 사실 과학이 가장 경계해야 할 적이지만 이른바 '제로존 이론'을 소개한 모 월간지는 유명 학술지 편집장이 관련 논문을 13개월째 심사하고 있다는 이유만으로 이 이론을 대단한 무엇으로 보도했다. 그 이론이 나중에 옳다고 판명될지도 모른다. 그러나 하나의 과학 이론이 대단한 것은 그 이론 자체가 가지고 있는 여러 가지 좋은 점들 때문이지

고명한 아무개가 논문을 심사하는 기간과는 아무런 상관이 없다. 이런 식의 신비화야말로 문명화된 사회의 암적 존재다.

▎ 정치와 종교의 분리만 알아도 훌륭한 대통령감?

그래서 나는 지난 대선이 있던 2007년 '가장 가까운 미래의 대한민국 대통령을 위한 물리학'을 잠시 머릿속에 떠올렸을 때 몹시도 우울하고 암담했다. 물리에 관한 한 "고등학교 때 저는 물리가 제일 싫었어요, 호호호" 하던, 미팅에서 만났던 그 숱한 여자들보다 우리의 대선후보들이 조금이라도 나을 거라는 느낌을 받아본 적이 없었기 때문이다. 마침 북한 덕분에 우리 또한 핵무기를 머리에 이고 사는 처지가 되었으니, 기왕에 뻔질나게 남한을 들락거렸던 미군의 무수한 핵무기까지 세트로 해서 핵물리학의 기본을 이분들에게 강의하는 것도 그럴듯해 보였다.

그러나 우리가 정치인들과 대통령으로부터 고통받는 이유는 이분들의 과학적 '지식'이 부족하기 때문이라기보다 이분들의 과학적 '사고 두뇌'가 모자라기 때문이다. 사실 과학의 첨단을 달린다는 미국에서도 대통령과 정치인들의 비과학적 사고방식은 큰 문제였다. 오죽했으면 뉴욕타임스가 2004년 대선에서 당시 존 케리 민주당 후보를 지지하며 "우리는 그가 …… 정치와 종교의 분리라는 개념을 잘 이해하고 있기 때문에 안도하고 있다"고 썼을까.

확실히 부시 대통령에게 필요한 것은 에너지나 폭발물이나 핵부기에 대한 더 많은 물리학적 지식이 아니라 지금은 더이상 십자군 시대가 아니라는 시대 인식과 더불어 대량살상 무기에 대한 조작된 증거들로는 이라크 전쟁을 더 이상 정당화할 수 없다는 상식적인 사고방식이다.

안타깝게도 정치와 종교의 분리라는 개념을 잘 이해하고 있는 후보에 안도해야 하는 처지는 우리나라라고 해서 크게 다르지 않은 것 같다. 자기가 시장으로 있는 서울시를 하나님께 봉헌하려고 작정했던 인물이 현재의 대통령 아니던가.

비과학적인 개념 정의가 횡행하는 것 또한 우리 정치의 수준을 과학으로부터 멀찌감치 격리시키는 데에 일조하고 있다. 정권 초기부터 지금까지도 유행하는 이른바 '친북좌파'나 '퍼주기'는 객관적인 개념 정의라고 보기 어렵다. 이는 북한과 친한 정도를 어떻게 정량적으로 측정할 것인가, 좌파와 우파를 어떤 기준으로 가를 것인가, 혹은 얼마 이상의 무상 지원을 북한에 대한 퍼주기로 규정할 것인가에 있어서의 애매함 때문이 아니다.

북한과 친한 정도로 본다면야 동아일보가 김일성의 보천보 전투 기사를 금판으로 떠서 갖다 바친 사건이 최상급일 터인데, 국가보안법으로 다스려야 할 이 '범죄 행위'를 저지른 언론사가 오히려 친북 세력 척결을 운운하고 있으니, 각자가 쓰는 이 친북이라는 개념의 정의는 사람마다 달라서 합리적인 논의를 이끌어 나가는 데에 큰 걸림돌로 작용한다.

'퍼주기' 또한 다르지 않다. 몇 년 전 한나라당이 이제는 자신들도 북한에 대한 퍼주기를 전향적으로 검토한다는 기사를 접하고서 나는 이런 사회에서 내가 과학을 하는 것이 어떤 의미가 있을까 회의를 느낀 적이 있다. 당시 이명박 대선후보는 자신이 당선되면 북한에 도로, 항만, 철도 등 엄청난 퍼주기를 하겠다고 했다가, 그후에는 주한미 대사를 만나서는 다시 '친북좌파'를 들고 나왔다.

최소한의 상식과 최소한의 원칙

만약 뉴턴의 중력법칙이 태양과 지구, 태양과 금성, 태양과 목성마다 각각 달랐다면, 그리고 달이 지구 주위를 돌고 사과가 떨어지는 원인이 이와 전혀 달랐다면 그의 법칙에는 '만유universal' 인력이라는 위대한 수식어가 붙지 않았을 것이다.

나는 정치인들이 위대한 법칙을 만들어줄 것을 요구하는 것이 아니다. 과학을 하는 사람들은 자신들이 연구하는 자연법칙처럼 이 세상도 그렇게 원칙들이 지켜지면서 돌아가리라고 기대하기 마련이다. 나는 그 기대를 버린 지 이미 오래지만, 최소한의 상식과 최소한의 원칙에 대한 미련은 아직 남아 있다. 이 기대마저 무너진다면 나는 정말 과학자의 길을 선택한 것을 크게 후회할 것이다.

나는 또 현재의 대통령만을 비판하는 것이 아니라, 누구든 그와 같은 비과학적인 사고방식으로 대통령에 올라 국정을 수행한다면 나라 전체가 큰 불행에 빠질 것이라는 점을 강조하고자 한다. 2007년 대선 직전 '합의 이혼'으로 잠깐 국민들의 눈을 속인 예전의 통합신당도 합리나 이성보다는 야만에 훨씬 가깝기는 매한가지다. 누구는 되고 누구는 안 되고를 얘기하려는 것이 아니라, 누가 되더라도 가장 합리적인 사고방식으로서의 과학에 대한 마인드를 가질 것을 요구하는 것이다.

갈릴레오 갈릴레이가 근대 과학의 초석을 놓으며 교회와 대립해온 이래 과학자들은 종교와 미신과 야만으로부터 이성과 과학과 진실을 수호해왔다. 안타깝지만 현재 우리에게도 아직 척결해야 할 마녀사냥과 종교재판은 남아 있는 듯하다. 내가 쓰는 글들이 여기에 조금이나마 보탬이 되기를 바란다.

대통령을 위한 물리학 2
부패한 정치인이 한 방에 검증되지 않는 까닭

관찰의 이론의존성과 더불어 과학에 대한 경험주의적 오해에 타격을 가한 것이 바로 뒤엠-콰인 명제다. 이에 따르면, 하나의 실험적 사실에 대해 원칙적으로 무한한 이론과 가설이 존재할 수 있고 그 층위 또한 매우 다양하기 때문에, 어떤 실험이 이론과 다른 결과를 냈다 하더라도 그 어긋남이 이론의 제1가설에서 기인한 것인지 혹은 하부의 수많은 보조 가설에 의한 것인지 논리적으로 확증할 수가 없다. 그렇기에 뒤엠-콰인 명제는 '증거에 의한 이론의 과소결정underdetermination of theory by evidence'으로 불린다.

한두 가지 반격은 이론을 흔들지 못한다

이런 까닭에 하나의 과학 이론을 실험으로 완전히 배제한다는 것은 극히 어렵다. 가장 성공적인 과학 이론 중의 하나였던 뉴턴 역학도 그와 어긋나는 천문학적 관측들의 무수한 도전을 받았다. 그러나 뉴턴 역학과 맞지 않는 결과들이 나왔다고 하더라도 그것이 뉴턴 역학이 틀렸다는 점을 반증하는 증거로 받아들여진 적은 없었다. 대부분의 경우 그 관측에 문제가 있거나, 혹은 고려하지 않은 여러 요소들의 부수적 효과 때문이라고 치부해버렸기 때문이다.

과학자들로서는 역사상 처음으로 천상의 비밀을 벗겨낸 뉴턴 역학이 그렇게 쉽사리 반증되기를 바라지 않았을 것이다. 보통 사람들에게는 언뜻 이 모든 상황이 지당하고도 자연스러워 보일 법하다. 문제는 뉴턴에 맞먹는 슈퍼스타인 아인슈타인이 등장하고 나서부터 사태가 좀 복잡해졌다는 것이다.

뉴턴 역학이 해결하지 못한 문제 가운데 수성의 근일점近日點, perihelion 이동 현상이 있다. 뉴턴 역학에 의하면(그리고 케플러가 그 이전에 발견한 바에 의하면), 태양계의 모든 행성은 태양을 하나의 초점으로

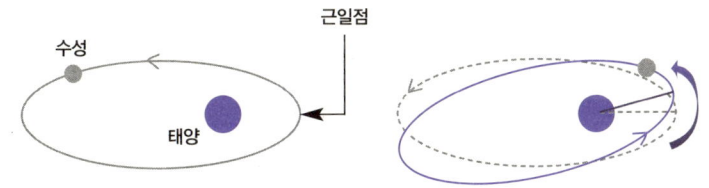

수성의 근일점 이동

하는 안정되고 고정된 타원궤도를 돌고 있다. 그런데 아인슈타인이 등장하기 이전부터 수성의 타원궤도가 고정되어 있지 않고 궤도 전체가 천천히 회전한다는 사실이 알려져 있었다. 궤도가 이렇게 회전하면 궤도의 근일점 또한 이에 따라 회전하게 되므로 '근일점 이동'이라는 말이 붙여졌다. 뉴턴 역학도 이 근일점 이동을 갖가지 요소로 설명하고 있지만, 관측된 결과와 비교해서 100년에 약 43초(1초는 1도의 3600분의 1에 해당하는 각도)만큼의 차이가 있었다.

그러나 앞서 말한 대로 이러한 미지의 효과 때문에 뉴턴 역학이 거부되지는 않았다. 사람들은 이 차이를 설명하기 위해 온갖 가설을 동원하기도 했는데, 결국 이 문제는 아인슈타인이 나서서 해결될 수 있었다. 그의 중력이론인 일반상대성이론에 의하면 뉴턴의 고전역학에는 없는 새로운 중력효과가 생겨난다. 이에 따른 수성의 근일점 이동이 놀랍게도 100년에 약 43초이다.

그 오랜 세월 동안 무수히 많은 실험적 도전에도 끄떡없었던 뉴턴 역학이 무너진 것은 100년에 43초라는 미세한 관측이 아니라, 그것을 매우 그럴듯하게 설명한 아인슈타인의 '이론' 때문이었다.

중성미자neutrino를 이용한 최신의 연구들에서도 이와 유사한 사례를 발견할 수 있다. 지금까지 과학자들이 알아낸 바에 따르면, 자연에는 경입자輕粒子, lepton로 불리는 입자가 6개 존재한다. 전자electron 및 그 형제뻘인 뮤온muon과 타우온tauon, 그리고 각각의 파트너 격인 전자형 중성미자, 뮤온형 중성미자, 타우온형 중성미자가 있다.

세 가지 중성미자는 전자, 뮤온, 타우온과 각각 짝을 이루어 약한 상호작용에 참여한다. 이처럼 전자는 3형제이기 때문에 자연에는 3종류의 중성미자가 있어야 한다고 생각하는 것이 자연스럽다. 중성미자의 개수에 관한 한 유럽원자핵공동연구소CERN의 실험은 이 자연스러운 생각을 뒷받침해왔다. 그런데 1993년 미국 로스 알라모스 연구소에서 시작한 액체발광 중성미자 검출기LSND, Liquid Scintillator Neutrino Detector 실험은 자연에 또 하나의 중성미자가 존재해야 함을 강력하게 시사하는 결과를 도출했다.

충실한 경험론자라면 이 새로운 실험 결과에 따라 지금까지 구축된 입자물리학의 표준모형을 폐기하거나 그 대체물을 찾아나서야 했을 것이다. 그러나 LSND의 실험 결과가 나온 이후 오히려 그 실험이 잘못되었다고 여기는 물리학자들이 상당수였다.

그러던 중 2007년 봄 LSND의 실험 결과를 검증하는 새로운 실험 결과가 나왔다. MiniBooNE라는 이름으로 불린 이 실험 또한 미국에서 행해졌는데, 높은 신뢰도로 LSND의 결과를 기각하는 것이었다. 이 결과가 나온 지 불과 얼마 지나지 않았지만, 지금까지 각종 국제학회에서는 이 결과에 큰 신뢰를 보내는 듯한 분위기다. 같은 실험 결과를 놓고도 하나는 오랫동안 잘못된 실험으로 여겨진 반면 다른 하나는 즉각적으로 광범위하게 수용되고 있는 것이다. 즉 이론 자체의 정합성과 완결성이 굳건하면 그만큼 한두 가지 실험 결과로 폐기될 가능성은 희박하다.

현재 인류가 동원할 수 있는 가장 높은 정확도와 정밀도로 행해지는 실험의 결과마저 그와 상충하는 이론을 완벽하게 배제할 수 없다면,

일상적으로 우리의 감각을 통해 얻게 되는 온갖 '관측'들이 우리 머릿속의 '이론'을 쉽사리 바꾸지 못하리라고 충분히 예상할 수 있게 된다. 이런 경우는 각종 사회 현상에서도 어렵지 않게 찾아볼 수 있다.

이명박은 가장 '잘 갖추어진 이론'

가장 대표적인 경우가 대통령 선거과정에서 벌어지는 각종 대선후보 검증이다. 본격적인 대선 경쟁이 시작되면 정당과 언론과 시민단체들은 대선에 나선 후보들을 다각도로 '검증'한다. 그런데 이 과정에서 내가 지지하는 후보의 흠결이 드러나더라도, 바로 그 이유 때문에 나의 지지를 철회하기란 무척 어렵다. 대개 우리는 그 검증에 문제가 있다고 생각하거나 후보의 적극적인 해명을 기대한다.

특히 그 후보의 지지율이 높아 나와 비슷한 생각을 하는 사람이 많거나, 공신력이 있다고 여겨지는 언론에서 공공연하게 편을 드는 경우 이 '이론'은 더욱 굳건한 것으로 받아들여지게 마련이다. 바로 이런 이유 때문에 이명박 후보는 그 많은 의혹과 검증 공세를 뿌리친 채 대선후보가 될 수 있었고, 결국 큰 표차로 대통령에 당선되었다. 굳이 이름을 붙인다면 '검증에 의한 후보의 과소결정'이라고나 할까.

한 가지 중요한 점은 이 과소결정이 이명박을 지지하는 사람들은 물론이거니와 비교적 중립적인 사람들에게도 해당된다는 것이다. 이른바 보수 언론이 이명박을 음양으로 밀었다는 것은 더이상 비밀이 아니다. 신문 시장을 80퍼센트 이상 장악한 이들이 쏟아내는 기사에

97년 대선에서 IMF가 없었거나, 김대업 사건이 없었다면 이회창 후보는 대통령에 당선됐을지도 모를 일이다. 어쨌든 그를 감싸줄 그럴듯한 이론이 있었기 때문에 그나마 근소한 표차를 보인 것은 아닐까.

의하면 이명박은 그야말로 '잘 갖추어진 이론'이다. 5년 내내 말썽 많은 대통령으로 위치지어진 노무현과 비교하거나 청계천이라는 '객관적인 실험'과 결합되면 그 이론에 대한 신뢰도는 더욱 높아진다. 설령 내가 이명박을 지지하지 않는 중립적인 입장이더라도 이명박이 괜찮은 대선후보라는 이론에 큰 이의를 달기는 어려운 상황이 된다.

이런 배경 속에서 터지는 한두 가지 의혹은 말하자면 아인슈타인 이전의 수성의 근일점 이동과도 같은 것이다. 관측된 비정상성anomaly이 훌륭한 이론 체계였던 고전역학 속에서 해명되리라고 기대했던 것과 마찬가지로, 이명박의 위장전입은 '명박삼천지교'로 오히려 동정을 샀다. 게다가 이 과정이 보수 언론에 의해 주도된 것은 마치 네이처나 사이언스가 직접 나서서 뉴턴의 손을 들어준 것과도 같다.

똑같은 위장전입 때문에 장상이나 장대환이 국무총리 자리에 오르지 못한 것은 그들이 괜찮은 카드라는 '훌륭한 이론'이 없었거나, 그 이론을 만들고 유포시킬 '학술지'가 없었기 때문일 수도 있다. 이론이 없는 관측이나 실험, 그리고 그 검증은 사실상 무의미할 뿐이다.

이렇게 한두 의혹으로 이명박 이론이 쉽게 반증되지 않으면 그것은 그 이론이 옳은 것이라는 더욱 강력한 신뢰를 퍼뜨리게 된다. "모든 의혹과 검증은 이미 통과했다"는 말이 당시 본선에서 나온 것도 이 때문이다.

우리는 이전 대선에서도 비슷한 경험을 했다. 혹자는 당시 이회창 후보가 아들 병역이나 김대업 사건 등 결정적인 검증과 실험 때문에 패배했다고 얘기할지도 모른다. 그러나 반대로 생각해보면, 그런 결정적인 검증에도 불구하고 이회창이 중도낙마 없이 근소한 표차까지 따라붙은 것은 '훌륭한 대통령감'이라는 그럴듯한 이론이 그에게 있었기 때문이었다.*

▪ 정치에서의 뒤엠-콰인 명제

대선후보 검증이 무의미하다는 말은 아니다. 경험적으로 얻는 정보로부터 절대적이고 객관적인 판단 기준이 획득되는 것은 아니라는 얘기다. 공정하고 객관적인 검증이 그 역할을 최대한 수행하기 위해서는 '실험 결과'들을 발굴·보도하고 유

---

* 1997년 대선에서 이인제 후보가 출마하지 않았거나, 김대중-김종필 연합이 성립되지 않았거나, IMF가 터지지 않았거나, 혹은 이회창 후보 아들의 병역 문제가 없었다면(이 네 가지 중 하나라도 없었다면) 이회창 후보는 손쉽게 당선되었을 것이다. 뒤집어서 말하자면, 이 모든 악재에도 불구하고 이회창 후보가 매우 근소한 표차까지 득표한 것은 이회창 대통령론이 김대중 대통령론보다 훌륭한 이론이었기 때문이다. 김대중 대통령론은 '김대중=빨갱이'라는 치명적인 약점을 지니고 있다.

포하는 '학술지'들의 객관적이고 공평무사한 입장이 무엇보다 중요하다. 아쉽게도 우리 사회는 그렇게 좋은 '학술지'를 갖고 있지 못하다. 그래서 우리는 조작된 이론의 가능성에 항상 노출되어 있다.

'이명박 이론'의 최대 취약점은 남북문제이다. 이 이론으로는 급변하는 한반도 정세의 미래를 설명하기가 꽤나 어렵다. 경제 대통령이라는 그의 이론은 최대 강점이자 최대 약점이기도 한 셈이다. 그러나 당시 아무 이론도 없이 무작정 검증과 실험에 뛰어드는 범여권 후보들을 봤을 때 참으로 딱하기만 했다. 뒤엠-콰인 명제는 "한 방이면 보낼 수 있다"는 말이 사실이 아니라는 점을 얘기하고 있다. 또한 이명박 이론이 좋든 싫든, 옳든 그르든 그 나름의 이론 체계를 가지고 있다는 점에서 다른 후보들과는 비교가 되지 않았다.

관측과 실험의 이 원초적인 한계는 후보 검증에만 국한되지 않는다. 수많은 사건과 현상을 분석하고 판단하는 대통령이라는 자리는 항상 경험만능주의에 빠질 위험에 처하게 된다. 자신의 경험적 판단력을 과신한 노무현 전 대통령이 '변양균*'이라는 익숙한 도끼에 발등 찍힌 것도 그 때문이다. 제기된 의혹이 "감도 안 된다"거나 "소설 같은 이야기"로 치부되는 것은 노무현에게 변양균이 이미 훌륭한 이론으로 자리매김했기 때문이다. 이처럼 대통령이 되려고 하는 사람이라면 정치, 경제, 외교, 남북관계 등 모든 문제에서 위험을 늘 경계하지 않고선 뜻을 이룰 수 없을 것이다.

* 이른바 신정아 스캔들의 연루자.

대통령을 위한 물리학 3
터무니없이 낮은 엔트로피, BBK 사건

세계에서 유래를 찾기 힘든 만큼 문과·이과의 구분이 엄격한 우리나라에서 좀 생뚱맞게 들릴지는 모르겠지만, 나는 검사들이 수사 결과를 발표하는 광경을 보면 검사와 과학자는 참으로 닮은꼴이라는 생각을 하곤 한다.

교육받는 과정이 다르고 사용하는 언어도 다르고, 그리고 무엇보다 사회적 지위가 천양지차이지만 '진실을 규명한다'는 점에서는 검사와 과학자가 목표를 같이하기 때문이다. 검사들이 발표하는 수사 결과문을 보면 한 편의 논문처럼 느껴질 때가 많다. 그분들이 이른바 '실체적 진실'을 하나하나 파헤쳐 사건의 전말을 완벽하게 재구성해 내는 과정은 나 같은 과학자들이 자연에 숨겨진 근본 원리들을 탐구해나가는 과정과 거의 유사하다는 점을 부인하기 힘들다. 그러나 아주 가끔 나의 이러한 믿음이 흔들리는 경우가 있다. 2007년 대선과정에서 세상을 떠들썩하게 했던 BBK 사건 수사 결과도 그 한 예이다.

과학자들이 엔트로피 증가의 법칙을 믿는 이유

물리학자들이 즐겨 쓰는 물리량 중에 '엔트로피entropy'라는 것이 있다. 엔트로피는 한마디로 말해 '무질서한 정도'를 나타낸다. 지금 여러분이 앉아 있는 방이나 사무실을 한번 둘러보자. 만약 물건들이 가지런히 정돈되어 있으면 엔트로피가 낮은 것이다. 반대로 각종 서류들이 책상에 나뒹굴고 바닥은 잡동사니로 바글댄다면 엔트로피는 매우 높은 편이다.

이 엔트로피, 즉 무질서도를 표현하는 또다른 방법은 어떤 시스템이 가질 수 있는 상태가 얼마나 많은가를 따지는 것이다. 예를 들어 연필꽂이를 이용해서 필기구를 정돈하는 방법은 모든 필기구를 연필꽂이에 다 꽂아두는 한 가지 방법밖에 없다. 그러나 그것을 흩뜨려서 책상을 어지럽히는 방법은 수만 가지이다. 확률적으로 생각해본다면 여러분의 책상이 어지러워질 가능성이 훨씬 높다. 즉, 엔트로피가 증가할 가능성이 크다. 물리학에서는 바로 이 현상을 열역학 제2법칙이라고 부른다. 이 법칙은 외부와 단절된 시스템에서의 엔트로피는 결코 감소하지 않는 현상을 가리킨다. 따라서 그 시스템에 어떤 구성적인 변화가 생긴다면 그 변화는 엔트로피가 증가하는 방향으로 진행된다.

'엔트로피 증가의 법칙'이라고도 불리는 열역학 제2법칙은 일상생활에서 흔히 경험할 수 있다. 잉크 방울이 맑은 물에 떨어지면 서서히 물 전체가 잉크 색으로 물들지만, 아무리 기다려도 원래 상태, 즉 잉크 방울과 맑은 물이 분리된 상태로 돌아가지는 않는다. 마찬가지로, 안방의 공기가 갑자기 거실로 모두 빠져나가 안방에서 자던 사람이 호흡곤란으로 질식사하는 일은 일어나지 않는다. 요즘 케이블 채널이 급격하게 늘어나면서 이전처럼 공중파 방송의 인기 드라마 시청률이 40퍼센트를 넘기는 쉽지 않다. 공중파만 있을 때 한쪽으로 쏠리는 것보다 여러 개의 채널이 있을 때 한쪽으로 쏠릴 확률이 훨씬 낮기 때문이다. 선거 때마다 비슷한 성향의 후보들이 단일화를 모색하는 것도 같은 이치에서이다.

그런데, 엔트로피가 증가하는 것은 외부와 단절된 닫힌 시스템에 적용되는 얘기다. 만약 어떤 시스템이 외부와 연결되어 있다면 그 시스템의 엔트로피는 국소적으로 감소할 수도 있다. 그러나 이런 경우라도 시스템 외부까지를 모두 포괄하는 전체 시스템을 고려하면 그 전체의 엔트로피는 증가한다.

대표적인 예가 냉장고이다. 온도가 올라간다는 것은 물리적으로 분자의 운동이 활발해진다는 의미이므로 엔트로피가 높아진다. 다시 말해 냉장고만 놓고 보면 분명히 주변에 비해 엔트로피가 낮다. 하지만 냉장고와 연결된 전원, 냉장고 뒤의 발열판 등을 모두 고려하면 전체의 엔트로피는 오히려 높아진다. 사람 같은 생명체 또한 매우 낮은 엔트로피를 유지하고 있다. 우리 몸을 이루는 세포들이 무질서하게 분포한다면 생명체를 이룰 수 없을 것이다. 이렇듯 낮은 엔트로피를 유지하기 위해 우리는 적당히 열과 각종 노폐물을 쏟아내며 환경을 어지럽히고 있다.

여기서 한 가지 중요한 것은 특정 시스템의 엔트로피를 낮추기 위해서는 외부에서 '일work'을 해주어야 한다는 점이다. 물리적인 '일'을 하기 위해서는 에너지가 필요하다. 냉장고의 온도를 낮추기 위해서는 반드시 모터를 돌려야 하고, 안방의 공기를 거실로 다 빼내려면 진공펌프가 있어야만 한다. 지구라는 생태계가 낮은 엔트로피를 유지할 수 있는 이유는 태양으로부터 안정적인 에너지를 공급받기 때문이다. 어지러워진 책상을 정리하기 위해서는 '힘'을 들여 '일'을 해야만 한다.

엔트로피가 감소한다고 해서 에너지보존법칙이 깨지거나 하지는 않는다. 또한 낮은 엔트로피 상태로 시스템이 옮겨갈 확률이 항상 0인 것은 아니다. 그렇더라도 그 확률은 지극히 낮아서 보통의 경우 우주의 탄생 이래 매 초 사진을 찍는다 하더라도 그런 경우를 관측하기란 좀체로 어렵다. 그런 까닭에 과학자들은 엔트로피 증가의 법칙을 믿는다.

엔트로피 이론으로 이해할 수 없는 BBK 사건

2007년 대선 때 검찰의 BBK 수사 결과 발표를 보면서 나는 바로 이 엔트로피에 대한 관념이 빠져 있다는 점을 알게 되었다. 여론조사에서 50퍼센트가 넘는 국민들이 검찰의 수사 발표를 의심하는 이유 또한 바로 이 때문이었다. 물론 물리적인 상황에서 정의되는 엔트로피가 실제 사회에 곧바로 적용될 수는 없을 것이다. 그러나 그 정성적인 의미만이라도 잘

곱씹어보면 어지러운 세상을 이해하는 데에 도움이 된다.

BBK와 관련된 대표적인 의문사항들을 중심으로 다시 살펴보자. 검찰의 발표대로라면 (주)다스는 자사의 당기순이익보다 훨씬 큰 금액인 190억 원을 잘 알지도 못하는 김경준에게 무턱대고 투자한 셈이다. 생각해보라. 한국에서 이와 유사한 사건 1천 건을 조사해봤을 때, 이처럼 일면식 없는 사람에게 자기 능력을 넘어선 투자가 이뤄진 경우가 몇 건이나 있을까. 거의 없을 것이다. 이것이 바로 상식이라는 것이다.

검찰의 발표는 확률적으로 매우 낮은 경우의 수가 발생했다는 결론에 필연적으로 이르게 된다. 즉, BBK 사건의 경우 '엔트로피'가 매우 낮은 상황으로 사태가 발전한 것이다. 물론 검찰의 발표 자체에 모순되는 내용이 있는 것은 아니다. 그러나 에너지보존법칙이 깨지지 않았다고 해서 냉장고가 전원 없이 냉각되고 있다는 주장이 과학적으로 옳은 것은 아니다. 검찰의 주장은 말하자면, 안방의 공기가 저절로 거실로 빠져나가는 바람에 집주인이 질식사했다는 얘기와 다를 바 없다.

심각한 것은 이렇듯 엔트로피가 매우 낮은 상황이 당시 발표된 수사 결과 도처에 널려 있다는 점이다. 검찰의 발표대로라면 당시의 이명박 대선후보가 각종 방송과 신문과 잡지에서 "BBK는 나의 것"이라고 인터뷰한 모든 내용이 다 거짓이다. 어느 누구든지 한번쯤은 제정신이 아닐 수도 있고 또 뭔가를 착각해서 큰 오류를 범할 수도 있다. 그럴 확률이 매우 낮기는 해도 전혀 일어나지 않는 것은 아니다. 그렇더라도 매우 낮은 확률의 사건이 반복적으로 여러 번 발생할 확률은 천문학적으로 극히 미미하다.

과학자들이라면 왜 어떤 시스템의 엔트로피가 감소했는지를 설명하려고 들 것이다. 검찰 발표에서 빠진 부분이 바로 이 점이다. 이 경우 가장 자연스러운 방법은 그 시스템과 연결된 외부 시스템을 찾는 것이다. 즉 앞서 지적한 대로 외부에서 어떤 일을 해줬기 때문에 원래 시스템의 엔트로피가 줄어들었을 것이라고 생각하는 게 지극히 자연스럽다. 냉장고를 돌리려면 전원이 필요하고, 안방의 공기를 빼내려면 진공펌프가 있어야 하듯이.

BBK 사건 수사 결과에서도 마찬가지이다. 많은 사람들은 그 터무니없이 낮은 엔트로피가 어떤 외부 시스템이 개입한 결과라고 생각한다. 이는 과학적으로 보았을 때 열역학 제2법칙에 따른 아주 당연한 귀결이다. 그리고 많은 사람들은 그 외부 시스템을 이명박 후보라고 지목하고 있다. 다른 무엇보다 이명박 자신이 공공연하게 그 사실을 인터뷰하면서 명함을 뿌리고 다녔기 때문이다. 그런데 검찰은 이 부분에 대한 설명이 없었다. 그러니 그들의 수사 결과문은 과학 논문으로 치자면 아무런 가치가 없는 휴지조각에 불과하다.

검찰은 당시 이명박 후보의 인터뷰나 명함 등은 이미 금융계좌 추적 결과 조사의 의미를 잃었다고 결론지었다. 그러나 이는 논리적으로 맞지가 않다. 왜냐하면 검찰이 추적한 금융계좌가 이명박과의 무관함을 보증하는 자기완결적인 집합complete set이 아니기 때문이다. 게다가 검찰은 핵심 주변 인물에 대한 소환과 조사도 포기했기 때문에 검찰이 주장하는 계좌 추적 또한 자신들의 입맛에 맞는 증거 수집이 아니라는 객관적인 근거가 없다.

과학자들이 자신의 취향에 맞는 데이터만 분석해놓고서 아무런 설명도 없이 매우 낮은 확률의 사건을 보고했다면, 그것은 검토할 가치가 있는 것으로 받아들여지지 않는다. 게다가 불행하게도 우리의 검찰은 이와 유사한 '황당 스토리'를 수사 결과라고 내놓은 전력이 없지 않다. 2008년 논란이 되었던 삼성그룹의 경영권 승계와 관련해 검찰은 에버랜드가 전환사채를 시세의 10분의 1보다 낮은 가격으로 이재용 상무에게 넘겨준 것에 대해, 삼성의 해명을 그대로 받아들여 실무 사장들만 기소했다. 논리적으로만 따진다면 그럴 수도 있다. 그러나 외부의 개입 없이 전·현직 사장들이 자기 회사채를 헐값에 팔아치우는 행위는 지극히 엔트로피가 낮은 사건이다. 여전히 우리는 안방의 공기가 다 빠져나가 숨이 막히는 상황을 걱정해야 할 형편이다.

엉터리 과학논문보다 솔직한 고백이 낫다

"성공한 쿠데타는 처벌할 수 없다."

김영삼 정권 시절 12·12 군사반란 사건을 두고 내린 검찰의 결론이다. 돌이켜보면 나는 차라리 검찰의 그 고백이 솔직했다고 생각한다. 그렇기에 "여론조사 1등 후보는 기소할 수 없다"고 털어놓는 것이 오히려 검찰의 체면을 최소한으로나마 구기는 게 아니었을까 싶다.

진실 여부를 떠나 검찰이 발표한 '이명박 없는 BBK 사건'은 수많은 임의성과 가설들을 동반하면서도 여전히 설명하지 못하는 부분이 많아, 마치 끝없이 주전원周轉圓, epicycle을 동원해서 태양계를 설명하려던 천동설을 연상시킨다.

상식이 진실이 아닐 수도 있다. 그 때문에 지체 높은 분들은 그 상식을 때로는 애써 무시하려는 경향이 있기도 하다. 하지만 사람들이 상식을 믿는 것은 나름대로 이유가 있기 때문이다. 즉 상식이 잘못되었다고 얘기하려면 그럴 만한 충분한 근거를 함께 제공해야 한다.

BBK 사건에 대한 검찰의 판결보다는 차라리 12·12사태를 두고 "성공한 쿠데타는 처벌할 수 없다"고 고백한 검찰이 낫다.

정치에 대한 객관적 관찰은 가능한가?
관찰의 이론 의존성

과학에서 실험이 결정적으로 중요하다는 인식은 보통 사람들에게 매우 널리 퍼져 있다. 또한, 과학적 지식이 다른 학문의 지식보다 상대적으로 객관적이라고 여겨지는 데에는 관찰이나 실험이 큰 역할을 한다. 과학자들이 내놓은 갖가지 이론이나 가설들은 객관적인 실험에 의해 검증되거나 기각되기 때문이다. 혹은 과학이란 실험을 통해 획득된 자료를 체계적으로 정리하여 이론화한 지식이라는 통념도 널리 자리잡고 있다.

과학에 대한 이러한 심상은 우리에게 꽤나 익숙하고 또 오래된 것이다. 갈릴레이가 피사의 사탑에서 낙하실험을 했다든지, 떨어지는 사과를 보고 뉴턴이 만유인력의 법칙을 발견했다든지, 무슨 연구소에서 어떤 이론을 실험을 통해 검증했다든지 하는 이야기를 심심찮게 듣는다. 그래서 많은 사람은 아무런 이론적 편견도 없이 설계된 객관적인 실험 결과로부터 자연현상을 관찰하고 그로부터 자연법칙을 이론적으로 구성해낸다는 상식을 받아들이곤 한다.

나 또한 대학 1학년 때의 물리 실험시간을 떠올려보면, 그리고 그때 과학에 대해 가졌던 심상을 생각해보면, 이러한 사고방식은 너무나 자연스러운 것이었다. 예컨대 평면대 위의 수레에 줄을 연결해서 도르래를 통해 수직으로 늘어뜨린 다음 그 끝에 다양한 질량의 추를 연결해 수레의 가속운동을 관찰하는 실험이 있다. 수레를 가속시키는 추의 질량 변화와 속도 변화(단위 시간당 이동거리의 변화)를 비교해서 우리는 $F=ma$(F: 힘, m: 질량, a: 가속도)라는 뉴턴의 운동방정식을 실험적으로 확인한다. 나는 꽤 오래 운동량(p)의 질량과 속도(v)에 대한 관계($p=mv$)나 에너지(E)의 관계($E=\frac{1}{2}mv^2$)도 이런 방식으로 얻어지는 것으로 '오해'했었다. 안타깝게도 대다수의 중고등학교 물리수업 역시 아직 이 틀을 벗어나지 못한 것 같다.

어떤 이는 이를 베이컨으로 대표되는 영국의 경험주의적 전통에서 찾고 있다. 비교적 최근의 과학철학자인 칼 포퍼는 과학과 비과학을 가르는 기준으로 이른바 반증가능성falsifiability을 제기했다. 어떤 과학이론에 대해 예측과 부합하는 실험 결과가 나왔다고 해서 그 이론이 온전히 옳다고는 할 수 없으나, 예측과 전혀 맞지 않는 결과가 나오게 되면 그 이론이 틀렸다고 확실하게 말할 수 있다는 얘기다. 이렇듯 과학활동의 가장 큰 특징은 내부에 스스로를 기각할 수 있는 반증가능성을 내포하고 있다는 점이라는 것이 포퍼의 요지이다.

오직 실험적으로 관측된 것들만이 과학적으로 의미를 갖는다는 생각은 아직도 과학자들 사이에 널리 퍼져 있다. 가장 대표적인 사례를 꼽으라면 초끈이론superstring theory에 대한 광범위한 혐오감을 들 수 있다. 아직 그 실험적 근거가 발견되기는커녕 적어도 가까운 미래에 그것을 밝혀내기가 난망한데도, 초끈이론이 가장 유망한 이론 중 하나로 추앙받는 현실이 다른 전공자들에게는 못마땅한 것이다.

  결론적으로 말하면, 이런 '상식'은 그리 신뢰할 만한 것이 못 된다. 물론 자연현상에 대한 면밀하고도 비편향적인 관찰로부터 직접적으로 어떤 법칙을 이끌어낸 경우도 있다. 티코 브라헤가 남긴 방대한 천문학적 자료로부터 그의 제자 케플러가 그 유명한 자신의 3가지 법칙들을 유도한 경우라든지, 막스 플랑크가 1901년 흑체복사 곡선을 빛의 양자화 가설에 입각해서 완벽하게 설명한 경우가 그러하다.

  그러나 케플러마저도 자신의 법칙들을 구축할 때 플라톤의 정다면

이론에 기대지 않은 객관적인 실험이란 없다. 티코 브라헤(왼쪽)가 있었기에 케플러(가운데)의 법칙이 탄생할 수 있었고, 플랑크의 양자역학은 기댈 가설이 없었다면 나올 수 없었다.

체 '이론'에 기댔으며, 플랑크가 촉발시킨 양자역학은 이른바 코펜하겐 해석으로 불리는 몇 가지 가설하에 구축되었다. 뉴턴의 운동방정식 $F=ma$는 떨어지는 사과와는 무관하게 힘Force에 대한 뉴턴 역학의 정의에 가깝다.

▌실험이 이론을 이길 수 없는 이유

실험 결과가 이론의 존폐를 결정하는 경우보다 오히려 그 반대로 이론이 실험의 구성과 해석에 결정적인 영향을 미치는 경우가 많다. 이론적인 배경이 전혀 없는 상황에서 어떤 실험을 구상한다는 것 자체가 거의 불가능하기 때문이다. 좀 심하게 말하면 실험이란 어느 이론을 물질적으로 확인하기 위한 과정에 불과하다. 이 과정에서 예기치 못한 것이 발견되는 경우도 종종 있지만, 처음부터 무작정 새로운 현상을 보려고 시작하는 실험은 없다. 그 실험의 결과 또한 이론에 따라 해석이 달라지기도 한다. 이론과 실험의 이런 관계는 핸슨의 '관찰의 이론의존성theory-ladenness of observation'이라는 말로 잘 알려져 있다.

보통 사람들(혹은 잘 모르는 과학자들)은 생소할지 모르지만 과학에서 이론적 과정이 지배적인 영향을 미치는 예는 무척 많다. (관찰의 이론의존성을 설명하면서 몇 가지 '관찰적 사실'만을 주된 근거로 내세우는 것은 자기모순이다. 그러나 독자들의 이해를 돕기 위해 어쩔 수 없다는 점을 이해해주기 바란다.)

아인슈타인의 일반상대론에 대한 첫 실험적 검증은 1919년 영국의

공간의 휘어짐을 컴퓨터 그래픽으로 재현했다.

천문학자 에딩턴에 의해 이뤄졌다. 일반상대론에 의하면, 질량이나 에너지의 존재는 주변 공간을 휘어지게 한다. 그 주변을 지나는 다른 물체는(혹은 빛마저도) 이 휘어진 공간을 따라 운동하게 된다. 이는 침대 위에 무거운 볼링공을 올려놓으면 그 일대가 움푹 패는 것과 같다. 주변에 골프공이라도 있다면 이 패인(즉 휘어진) 면을 따라 볼링공 쪽으로 굴러갈 것이 분명하다.

이런 효과는 물론 우리 일상생활에서는 극히 미미하다. 아인슈타인은 자신의 새로운 중력이론을 실험적으로 검증할 수 있는 방법을 하

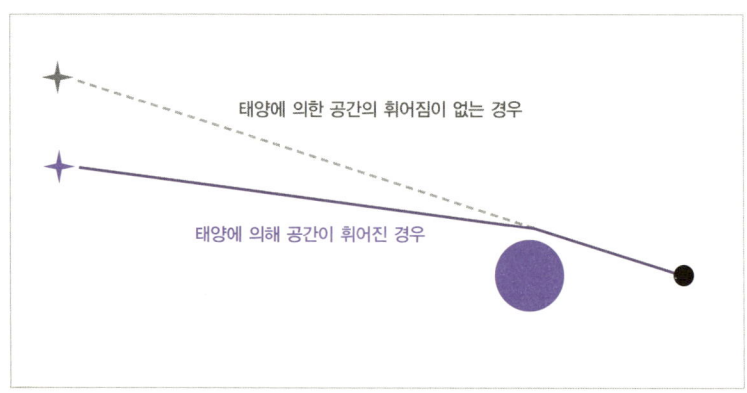
태양 중력장에 의한 빛의 휘어짐

나 제시하였다. 그의 일반상대성이론에 의하면, 멀리 떨어진 별에서 나온 빛이 지구에 이를 때 질량이 아주 큰 태양 주변을 지나면서 그 경로가 휘어진다. 아인슈타인 훨씬 이전에도 강력한 중력 때문에 빛의 경로가 휠 것이라는 예측이 없지는 않았다. 그러나 그 정도는 일반상대성이론이 예측한 값의 절반가량에 지나지 않는다.

그런데 평상시에는 태양의 빛이 워낙 강렬해서 멀리서 오는 희미한 별빛을 제대로 관측하기 어렵다. 이에 과학자들은 달이 태양을 가리는 일식을 기다려 관측을 시도했다. 이 과정에서 에딩턴은 일반상대론의 예측과 어긋나는 사진검판을 일부러 제외했다는 의혹을 사고 말았다. 그는 망원경 초점 등의 문제 때문에 제외했다고 해명했지만 적지 않은 과학자들은 에딩턴의 실험 결과를 그다지 신뢰하지 않았다고 한다. 게다가 이후에 실시된 일식 실험에서도 그리 만족할 만한 결과는 나오지 않았다. 이는 노벨상 위원회에서 아인슈타인에게 노벨상을 안기지 않은 이유 중 하나였다(아인슈타인이 노벨상을 받은 것은 1925년으로, 주로 광전효과*에 관한 것이었다).

그렇다고 해서 과학자들이 일반상대론을 믿지 않은 것은 아니었다. 잇따른 실험에서 만족할 만한 결과가 없었음에도 불구하고 다수의 과학자들은 오히려 일반상대론을 지지했다. 그 이유는 일반상대론 자체가 가지고 있는 이론적인 매력 때문이었다.

---

* 금속에 빛을 쬐면 전자가 튀어나오는 현상.

실험하는 사람들은 기존에 알려진 결과나 상식과 동떨어진 결과를 얻게 되면 새로운 뭔가를 발견했다고 여기기보다는 실험과정에서의 예기치 못한 오차들은 없었는지를 우선적으로 점검한다. 기존 패러다임을 보호하려는 본능이 작동하는 것이다. 이런 보정의 과정을 여러 차례 거친 후에도 여전히 새로운 무언가가 있다면 그것은 학계의 수수께끼로 남게 될 것이다.

그러나 이 과정에서 애초의 이상한 결과를 곧이곧대로 받아들이지 않고 계속해서 각종 제한조건들을 점검하는 것은 무슨 불순한 의도가 있어서가 아니다. 이는 분명히 데이터 조작과는 거리가 멀다. 실제 실험에서 이런 일은 흔히 일어난다. 비교적 최근의 예를 하나 들어 보자.

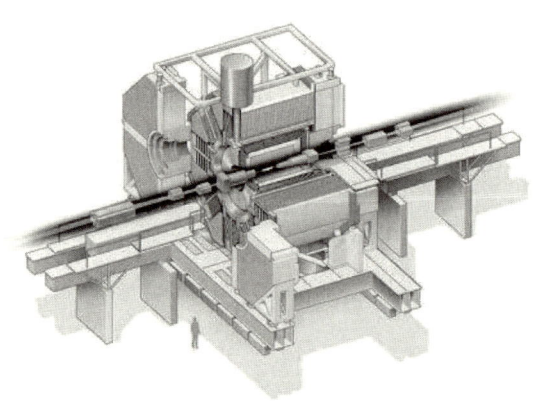

Belle 입자검출기

■ 새로운 실험 결과는 유예기간이 필요하다

일본 쓰쿠바의 고에너지 연구소KEK에는 Belle이라는 입자검출기가 있다. 여기서는 B-중간자라는 입자를 대량생산하여 자연계의 기본 입자인 쿼크들에 관한 중요한 정보를 얻고 있다. Belle은 쿼크들의 섞임에 관한 고바야시-마스카와 이론을 실험적으로 검증하여 그들에게 노벨상을 안기기 위해 건설되었다. 그 노력은 헛되지 않아 2008년 노벨 물리학상의 절반은 고바야시와 마스카와에게 돌아갔다.

Belle에서 초미의 관심을 가졌던 한 물리량은 어떤 비율에 대한 사인sin함수 값으로 표현된다. 중고등학교 때 다들 배웠겠지만, 사인함수는 기본적으로 직각삼각형의 빗변에 대한 다른 변의 비율로 정의되는 양이다. 따라서 이 값은 결코 1을 넘을 수 없다.

2001년 Belle에서 발표한 실험 결과를 보면 이 사인함수 값에 해당하는 양을 실험적으로 측정하여 얻은 결과가 $0.99 \pm 0.14 \pm 0.06$이었다. 중간값이 0.99이고 그 뒤에 붙은 숫자들은 실험적인 오차들이다. 그런데 실험 그룹의 한 사람으로부터 전해들은 바에 의하면 원래 데이터를 처음 열어서 얻은 결과는 그 중간값이 1.01이었다는 것이다! 사실 Belle에서 연구하는 물리학자만 해도 100명은 훨씬 넘는다. 이들 이름으로 나가는 실험 결과는 그만큼 무게감이 남다를 수밖에 없다. 이 때문에 최종적인 결과를 어떻게 낼 것인가를 두고 격론이 벌어졌다고 한다. 사인함수 값이 1이 넘는다고 나왔으니 그 결과를 있는 그대로 받아들이기는 심리적으로 매우 어려웠을 것이다. 사실 이런 실험 결과들은 배경 효과를 어떻게 처리하느냐, 실제 물리적인 신호를 어떻게 해석하느냐에 따라 숫자들이 조금씩 바뀔 여지가 많다.

결국 내부적인 격론 끝에 다양한 제한조건들을 계속해서 점검하고 오차를 줄이는 노력을 기울였으며, 최종적으로 0.99라는 결과로 공식 발표하게 된다.

이처럼 아무리 새로운 결과가 실험에서 관측된다 해도 그것이 곧바로 새로운 자연현상이나 이론으로 받아들여지는 것은 아니다. 과학자들이 알고 있는 혹은 몸담고 있는 기존의 이론적인 체계 내에서 그 결과를 해석하려는 모든 노력이 수포로 돌아갈 때까지 일종의 유예기간이 필요하다.

무능한 좌파정권이 나라를 망친다?

합리적이며 객관적이라고 여겨지는 과학에서도 자연세계에 대한 관찰과 실험과정에서 일종의 '선입견'이나 이론적인 한계가 있을 수밖에 없다면, 그보다 더 애매한 사회 영역에서는 그 정도가 훨씬 심할 것이다. 그런 연유로 사회 현상을 들여다볼 때 '보고 싶은 것만 보게 된다'는 경구를 쉽게 흘려서는 안 된다.

이 애매한 사회 영역 중의 하나가 바로 언론 미디어다. 흔히들 언론은 사실을 전달하는 매체로 인식하고 있다. 물론 언론마다 논조가 있고 지향하는 이념이 다르지만 이것은 제2원칙이고, 제1원칙은 사실 보도이다. 특히 육하원칙으로 간단하게 구성되는 스트레이트 기사는 사실로만 구성돼 있다고 여겨진다. 의견 기사 역시 마찬가지다. 상당수 사람들은 언론 보도가 객관적인 사실 취재와 전문가들의 합리적인 분석의 결과라고 쉬 믿는다. 그러나 과학활동의 예에서와 마찬가지로 그런 경우는 드물다. 소재, 사진, 취재원, 전문가, 이 모든 것은 편집부의 '이론'이나 선험적인 결론을 정당화하기 위해 '구성'되는 경우가 많다. 우리는 언론 기사를 정치적인 행위자로 볼 필요가 있다. 그것은 적극적이며 야심을 숨기고 있다. 정치학에서 흔히 얘기하는 이른바 '프레임frame'이라는 것도 이렇게 만들어진다.

경제위기론이나 서민경제 파탄론은 정부를 공격할 때 매우 손쉽게 이용할 수 있는 메뉴 중 하나다. 왜냐하면 모든 국민을 경제적으로 항상 만족시키기란 거의 불가능하기 때문이다. 아무리 경기가 좋아도 그늘은 있게 마련이고 언젠가는 '조정'의 시간을 맞이하게 된다. 예를 들어, 참여정부 들어서면서 경제가 나빠지고 있다는 기사를 쓰고 싶으면 재래시장을 찾으면 된다. 이곳 경기가 좋지 않은 주된 원인이 정부의 경제정책 실패에 의한 것인지 인근 대형 할인점에 의한 것인지는 부차적인 문제이다.

'무능한 좌파정권이 나라를 망친다'는 자신의 이론이 입증되기 위해서는, 역설적일지 모르지만 정말 나라가 망해야 한다. 이 때문에 보수 언론들은 나라가 망해가는 데이터 수집에 열을 올렸다. 2003~2004년에 걸친 대대적인 경제위기론이 그러했고(당시 월스트리트의 일부 애널리스트들은 한국 언론들이 쏟아내는 경제위기론에 적잖이 당황해 뭔가 숨겨진 요소가 있을 거라 생각했다), 종부세 '세금 폭탄'

'노무현 후보가 집권하면 나라 망한다', '대운하 파다가 나라 망한다'와 같은 시나리오는 치밀함보다는 즉각적인 반정서로부터 귀결된 것일 때가 많다.

도 여기에 해당한다.

그런데 이명박 후보가 당선되자 상황은 돌변했다. 노무현 정부의 좌파적이고 반시장적인 정책이 경제를 어렵게 했다던 당선자가 갖가지 반시장적인 정책(이동통신료 20퍼센트 강제 인하라든가 5개 건설사에 대운하 컨소시엄 구성 주문 등)을 들고 나온 것이다. 순수한 경제 논리에서 이전 정부의 정책을 비판한 것이 아니라는 의심을 사기에 충분한 정황들이다.

다른 한편에서도 마찬가지다. 대표적인 주장이 '한나라당이 집권하면 나라가 망한다(혹은 전쟁 난다)'는 것이다. 2002년 대선에서는 "이회창이 당선되면 한반도에 전쟁 난다"는 주장이 난무했고, 2007년 대선에서는 "이명박이 당선되면 운하 파다가 나라 망한다"는 전망도 횡행했다. 항간에는 "~하면 나라 망한다"는 갖가지 시나리오가 무성했다. 사실 이런 주장들 대부분은 각각의 시나리오를 면밀하게 검토한 결과로 나왔다기보다는 '반反이명박' 정서의 즉각적인 귀결에 가깝다.

민주주의가 발전한다는 것은, 어느 정당이 집권하더라도 나라가 망하지 않을 만큼 그 사회가 성숙했음을 의미한다. '누가 집권하면 나라가 망한다'고 주장하는 사람은, 정말 그 후보가 당선되었을 때 자신의 '이론'을 정당화하기 위해 차기 정부에서 지금처럼 또 무리하게 '나라 망해가는 관측'에만 열을 올릴지 모른다.

과학자들은 어지간한 이론이나 주장은 잘 믿지 않는다. 또 실험만이 아니라 이론 그 자체의 내적 정합성을 따지는 데에도 많은 노력을 들인다. 반대로 그렇기 때문에 어떤 이론이나 실험도 쉽사리 거부하지 않는다. 그 결과 과학에서는 온갖 종류의 이론과 실험 결과가 대체로 평화롭게 공존하고 있다. 그것이 과학의 진정한 힘이다.

예를 들어 과학에서는 초기조건의 왜곡은 있을 수 없다. 진공상태에서 이뤄지는 실험이라면 그에 걸맞은 빈틈없는 환경이 조성된다. 논리의 전개가 수학적이기 때문에 비약이나 생략이 있을 수 없다. 징검다리를 하나하나 다 찍고 건너가야 다음 단계에 이를 수 있다. 비교 대상도 정확해야 한다. 과학에서는 결코 범주의 오류가 일어나지 않는다. 하지만 과학 이외의 사회현상이나 인문학 등의 이론에서는 이러한 기본적인 것조차 잘 지켜지지 않는다. 목소리가 큰 이론, 예측만 있고 검증이 없는 이론, 신념이 과학으로 둔갑한 이론, 자의적인 비교와 장대높이뛰기 선수를 방불케 하는 고도의 비약이 무시로 감행된다. 중요한 것은 이러한 것들이 모두 팔이 안으로 굽는 효과를 내면서 다른 것을 밀어내는 배타성을 강화한다는 점이다. 그래서 과학처럼 논리적, 실험적 검증이라는 안전장치가 없는 담론 공간에서는 통섭이 어렵다. 물과 기름처럼 서로 섞이지 않고, 검은색이 흰색과 화학작용을 일으켜 회색을 만들어내는 일이 드물다. 그런 점에서 과학은 고도로 명확한 진리를 추구하지만 항상 반증가능성이라는 배경의 붓터치가 살아 있는 풍경화인 데 반해, 인문학이나 정치학의 담론들은 상대의 논리를 자신의 논리로 덧칠하려는 과도한 전체주의적 욕망에 휩싸여 있다고도 할 수 있다. 모든 것을 삼킨 고요한 바다의 수면처럼, 아니면 야수파의 선명한 색채 분할처럼.

　세상만사 모두 과학 하듯이 처리할 순 없는 노릇이지만, 적어도 다양한 가치판단이 민주적이고 평화롭게 공존할 수 있다면, 아마도 그런 사회가 열린 사회이고 선진화된 나라가 아닐까. 그러기 위해서는 먼저 우리 자신부터 이론에 의존할 수밖에 없는 관찰의 한계를 분명히 깨달아야 할 것이다.

1인 1표는 자연의 원리?
진화론과 우주론

물리학자들은 대칭성을 좋아한다. 대칭성symmetry이란 한마디로 말해 이리 보나 저리 보나 똑같은 성질을 말한다. 사람 얼굴은 대체로 좌우대칭이고 정육면체는 어느 면에서 봐도 똑같다. 공은 어디서 봐도 똑같기 때문에 대칭성이 매우 높다.

내가 대학 1학년 때 선배와 교수님들로부터 참 많이 듣던 것이 공간의 균질성homogeneity과 등방성isotropy이란 말이었다. 공간이 균질하다는 말은 공간의 여기나 저기나 별반 차이가 없다는 뜻이다. 좀더 물리적인 입장에서 말하자면 공간상의 위치에 따라 물리법칙이 바뀌지 않는다는 얘기다. 공간이 등방적이라는 말은 한곳에 서서 이쪽을 바라보나 저쪽을 바라보나 어느 방향이든 다 똑같다는 의미다. 물리실험은 북쪽을 향하고 하든 동쪽을 향하고 하든 차이가 없다.

만약 자연법칙들이 공간의 위치와 방향에 따라 달라진다면, 그 달라지는 양상이 자연법칙을 기술하는 방정식에 포함되어야만 할 것이다. 만약 그렇게 된다면 그 법칙은 법칙이라고 말하기에는 쑥스러울 만큼 복잡해져서 더이상 법칙이 아니게 될 것이다. 자연법칙이 '법칙'인 이유는 무엇보다 그 속에 내재된 보편성으로 인한 것이기 때문이다.

언뜻 보면 공간의 균질성과 등방성이 뭐 그리 대단한가 싶기도 하다. 여기나 저기나 이쪽이나 저쪽이나 다 거기가 거기 아닌가. 그러나 잠깐 돌이켜 생각해보면 사태가 그리 간단치만은 않다는 것을 쉽게 알 수 있다.

우주는 팽창한다

아주 오랜 세월 동안 사람들은 지구가 우주의 중심이라고 생각해왔다. 태양과 달과 밤하늘의 모든 별과 우주 삼라만상이 지구를 중심으로 돌고 있다고 여겨왔다. 지구가 있는 곳은 우주의 다른 어떤 곳과도 같지 않다. 이런 믿음에는 중세 기독교도 큰 영향을 미쳤다. 그런 와중에 이를 타파한 이들이 있었으니, 바로 코페르니쿠스-갈릴레이-뉴턴으로 이어지는 일련의 위대한 과학자들이었다. 태양이 지구 주위를 도는 것이 아니라 지구가 태양 주위를 돈다는 주장은 우주에서 절대적인 위치를 차지하던 지구의 지위가 땅으로 곤두박질치게 한 순간이었다. 지구는 여느 행성들처럼 태양 주위를 도는 평범한 행성에 불과하다!

과학자들이 우주에 대해 더 많이 알게 됨에 따라 우리는 지구가 우주에서 특별한 무엇이 아닐 뿐더러 우리의 태양계 또한 그보다 더 큰 은하에서 그리 특별한 위치에 있지 않다는 것을 알게 되었다. 더 나아가 이 우주에는 그런 은하들이 수도 없이 많다는 사실도 밝혀졌다.

이것의 연장선에서 지난 20세기의 가장 위대한 발견 중 하나로 꼽히는 우주의 팽창을 빼놓을 수 없다. 1929년 미국의 천문학자인 허블Hubble은 자신이 은하들을 관측한 결과로부터 우주가 팽창하고 있다는 충격적인 결과를 발표한다. 우주가 팽창한다는 것은 우주라는 공간 자체가 계속해서 늘어나고 있다는 뜻이다. 공간이 팽창하고 있다는 것을 어떻게 알 수 있을까? 만약 공간 속에 있는 임의의 두 점 사이의 거리가 계속해서 멀어지고 있다면 우리는 그 점이 속해 있는 공간이 팽창하고 있다고 말할 수 있을 것이다. 허블이 관측한 것도 정확히 이와 같다. 그는 우주의 은하들을 관측한 결과 모든 은하가 서로 맹렬하게 멀어지고 있다는 사실을 발견해냈다.

은하가 멀어진다는 것은 그로부터 지구에 도달하는 빛의 스펙트럼을 관측하면 알 수 있다. 도플러 효과 때문에 멀어지는 은하에서 오는 빛은 그 파장이 길어진다.

도플러 효과는 원래 소리에 관한 현상이다. 앰뷸런스가 소리를 내면서 다가오면 그 소리가 더 높은 음으로 들리고, 멀어지면 낮은 음으로 들리는 것이 바로 도플러 효과다. 이것은 앰뷸런스가 자신이 낸 사이렌 소리를 쫓아가면서(혹은 멀어지면서) 움직이기 때문에 정지한 사람에게 다른 진동수의 소리로 들리는 것이다. 도플러 효과는 빛에도 나타난다. 빛이 관측자로부터 멀어지면 그만큼 파장이 늘어진다.

반대로 빛이 다가오면 파장이 짧아진다. 허블은 지구에서 아주 멀리 떨어진 은하들이 방출하는 빛을 관측한 결과 파장이 붉은색red 쪽으로 치우친다shift는 것을 재확인했다(이 결과는 이전부터 알려져 있었다). 바로 이를 적색 편이red shift라고 한다. 붉은색 쪽은 파장이 긴 영역이다. 음파로 친다면 진동수가 낮아지는 것과 같다. 요란하게 지나가는 앰뷸런스를 떠올려본다면, 적색 편이는 곧 '멀어짐'을 의미한다.

그런데 허블의 관측에서 정말로 중요했던 것은 은하들이 멀어지는 양상이었다. 허블이 관측한 바에 따르면 멀리 있는 은하일수록 더 급속하게 멀어져갔다. 예를 들어보자. 우리 은하에서 멀리 떨어진 A라는 은하가 있다. 그런데 A와 같은 방향으로 두 배 더 먼 B라는 은하가 있다고 하자. 이때 은하 B가 은하 A보다 두 배나 빠른 속도로 우리에게서 멀어진다. 하지만 A와 반대편으로 같은 거리에 위치한 은하 C는 A와 똑같은 속도로 멀어진다. 그러니까, 멀리 있는 은하일수록 그만큼 더 빠른 속도로 멀어진다.

왜 그럴까? 이 상황을 은하 A에 살고 있는 외계인의 입장에서 생각해보자. A의 입장에서는 우리 은하와 은하 B가 서로 반대 방향으로 같은 거리만큼 떨어져 있다. 은하 A는 우리 은하에 대해 B 방향으로 일정한 속도로 멀어지고 있으니 A 입장에서는 우리 은하와 은하 B가 멀어지는 속도가 똑같다(물론 방향은 반대이다). 한편 A에서 보면 은하 C는 우리의 두 배 거리만큼 더 떨어져 있다. 따라서 은하 C가 멀어지는 속도는 우리 은하가 멀어지는 속도의 두 배이다.

상황을 종합해보면 다음과 같다. 은하들이 멀어지는 속도는 관측하는 지점으로부터의 거리에 비례한다. 바로 이 때문에 어떤 은하에서 우주를 관측하든지 모든 은하가 멀어지는 양상은 똑같이 관측될 것이다. 우리 은하에서 다른 은하들이 멀어지는 양상을 관측한 것과 은하 A에서 다른 은하들이 멀어지는 양상을 관측한 것이 똑같다는 말이다. 바로 이런 이유 때문에 우주라는 공간 자체가 팽창한다는 결론을 내릴 수 있었다.

또한 이 상황에서 시간을 거꾸로 돌리면 재미있는 결과를 얻는다. 시간을 거꾸로 돌리면 은하들이 모두 지구에 가까워진다. 이때 B는 A보다 두 배 멀리 있지만 그보다 두 배 빠른 속도로 지구에 가까워질 것이므로, 결국 A와 B는 똑같은 시간에 지구에 도달할 것이다. 이 결론은 다른 모든 은하에 대해서도 마찬가지다. 다시 말해 과거의 어느 시점에 모든 은하가 한곳에 모여 있던 그런 때가 있었을 것이다. 이것이 대폭발, 즉 빅뱅이다.

우주의 팽창에서도 우리는 우주 공간의 한 지점이 여느 다른 지점과 근본적으로 동일하다는 것을 알 수 있다. 우주의 '어디서나, 어느 쪽을 보아도' 다 똑같다는 이 평범해 보이는 사실을 사람들은 '우주원리Cosmological Principle'라고 부른다. 지구가 우주의 중심에서 특별한 위치를 점하고 있다는 생각은 더이상 발붙일 곳이 없다.

비균질성에서 불평등성으로

물리학이 천상의 탈신비화를 주도해왔다면 생물학은 인간의 탈신비화에 지대한 공헌을 해왔다. 그중에서도 우주의 팽창에 견줄 만한, 아니 그보다 더 인간 지성에 충격을 던진 일은 아마 진화의 발견일 것이다. 지동설이나 우주의 팽창을 믿지 않는 사람은 드물어도 진화론을 믿지 않고 여전히 창조론을 믿는 사람들은 아직도 많다. 진화론을 반대하는 사람들은 대부분 창조론을 믿고 있으므로 신의 존재와 가장 치열하게 대립하는 과학 분야가 바로 생물학이지 않을까 싶다. 대중 과학서로 이름이 높은 리처드 도킨스가 『만들어진 신』이라는 책을 펴낸 것도 그런 연유에서일 것이다. 인간과 침팬지의 유전자가 98퍼센트 이상 똑같다는 사실은 진화론자나 창조론자 모두에게 충격이다.

고전역학의 성공과 허블의 관측을 통해 지구가 그저 우주에 수없이 널려 있는 흔하디흔한 행성 중 하나에 불과하다는 점이 밝혀졌다면, 진화론은 만물의 영장이라는 인간의 지위를 원숭이나 아메바와 동격으로 낮춰버렸다. 사람이 제아무리 잘나봐야 자연계에 수없이 널려 있는 생물들과 근본적으로 다르지 않다.

이런 예들에 비추어본다면 자연에는 탁월한 '민주적인' 속성이 있다. 자연의 그물망이 보여주는 모자이크 조각들은 그 크기가 같다. 과학은 이 평범한 진리를 밝혀내기 위해 오랜 세월 험난한 여정을 지나왔다. 다만 관찰자인 인간은 스스로를 자연에서 분리시키려고 노력해왔다. 이 착시현상을 설명하는 논리가 다양한 학문으로 구축되어 있다. 인간과 인간의 관계, 인간과 자연의 관계는 그대로이지만 그것을 인식하는 '욕망'이라는 렌즈는 이것을 확대하고 왜곡시켰다. 그렇게 굴절된 이미지를 통해 우리는 스스로를 인식하고 있다. 이것은 너무나 전면적이고도 거대하고 고착적인 굴절이라서 우리의 의식이 자연 그대로의 인식을 회복하는 일을 불가능하게 만들고 있다.

그럼에도 나는 이러한 물리학의 균질성과 등방성을 사람 사는 사회에 대입시켜보곤 한다. 인간에게 그러한 공간이 주어질 수 있을까. 가령 지평선으로 둘러싸인 들판에 서 있다는 가정을 해보자. 드넓은 벌판에 물체를 세워두면 기하학적 대칭성에 큰 변화는 없을 것이다. 하지만 사람의 몸은 애초에 완벽한 대칭성이 불가능하다.

오히려 사람의 물리학적 균질성은 모든 사람이 태어나고 죽는다는 생사生死의 문제에서 찾을 수 있을 듯하다. 이것은 생물학적인 조건으로 보이지만, 태어나고 교육받고 삶의 가치들을 실현하고 죽음에 대비하는 삶의 보편적인 과정을 떠올리면 반드시 생물학에만 국한되는 것은 아니다. 모든 인간은 태어나고 죽는다. 삶에서 시작되어 죽음에서 종결되는 그 소멸의 방향은 언제나 일정하다. 스콧 피츠제럴드의 소설 『벤자민 버튼의 시간은 거꾸로 간다』를 보면 늙은 상태로 태어나 나이를 먹을수록 젊어지는 특이한 주인공이 나오는데, 이런 픽션이야말로 소멸을 향한 인간 조건을 역설적으로 상징한다. 늙어가는 것, 이것이 물리학적으로 상상할 수 있는 삶의 균질성이다.

인간은 자신의 물리학적 균질성을 잊고 산다. 사회적 공간에서 살아가기 때문이다. 사회적 약속, 랑그의 그물 체계가 인간이 접촉하고 의식하는 일상 공간이다. 인간은 상징적인 동물이며 상징에는 등급이 있다. 상징을 만들고 명령하는 쪽이 있는 반면 그걸 수행하는 측이 있다. 상징의 우위를 통해서 권력이 만들어지고 그에 따라 질서화된 것이 사회의 모습이다. 삶과 죽음이라는 균질 공간에 사회관계가 발생함으로써 그 공간은 비균질적인 공간이 된다. 이 비균질성의 대표적인 형태가 바로 계급이요 학벌이요 성별이요 인종이다. 어떤 카테고리에 속하느냐에 따라 삶의 비중이 다르게 재어진다. 이러한 상징들의 지위는 교환·순환되지 않고 항상 다른 상징 위로 기어오르려 한다. 여기서 물리학적 비균질성은 불평등성으로 바뀐다.

그러나 인간에게는 물리학적 균질성으로 돌아가고자 하는 본능이 있다. 선거 때마다 느끼는 것이지만, 선거라는 상징의 시뮬레이션 속에서도 '1인 1표'라는 원칙은 균질적으로 다가온다. 여기서는 인간들 사이의 차별을 거부하고 특별한 지위의 인간을 탈신비화하는 아주 물리적인 속성이 드러나고 있다.

▌1인 1표가 갖는 의미

공간의 균질성과 등방성, 그리고 진화론을 떠올려보면 사람 위에 사람 없고 사람 밑에 사람 없다는 말이 너무나 자연스럽고 또 꼭 그러해야만 할 것처럼 느껴진다.

"그렇게 당연한 원리에 뭐 그리 탄복할 것까지야…" 하고 누군가 반문할지도 모르겠다. 하지만 주위를 조금만 둘러보면 이 '인간들 사이의 균질성과 등방성'의 원리가 얼마나 허무하게 짓밟히는지 쉽게 알 수 있다. 예를 들어 우리나라 재벌 총수들은 아무리 큰 죄를 지어도 좀처럼 실형을 살지 않는다. 그들을 석방하는 재판관들의 이유 또한 기가 막히다. 그분들 말씀을 듣다보면 경제발전에 큰 공을 세운

재벌 총수들은 선거 때 1인 2표라도 인정해줘야만 할 것 같다.

지난 2002년 대선에서 나는 노무현 후보를 찍지는 않았지만 그의 당선은 말하자면 우리 역사에서 획기적인 일이었음에 분명하다. 왜냐하면 5천 년 역사를 돌아봐도 노무현만 한 '천출'이 최고 권력자의 위치에 오른 예가 거의 없기 때문이다. 이것은 바로 1인 1표라는 균질 공간 덕분에 가능했던 결과였다.

이것은 공간의 균질성과 등방성처럼 아름다운 자연의 섭리 가운데 하나이다. 서울대가 상고에게 질 수도 있는 것이 바로 민주주의이고 공화주의라고 할 수 있을 것이다.

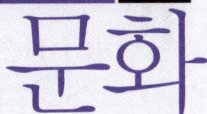

문화

제2부

스필버그를 매혹시킨 물리학자

"상상력이 지식보다 중요하다"

과학이 아름다울 수 있을까?

미세 조정의 문제를 넘어선 한국 드라마

한국 영화, 제작비 100억 원에 과학 자문료는?

스필버그를 매혹시킨 물리학자
랜덜과 선드럼, '위계 문제'의 돌파구를 찾다

리사 랜덜Lisa Randall. 최근 과학계에서 가장 잘나가는 여성 물리학자이다. 1962년생이니까 2009년 현재 사십대 후반이다. 하버드대학에서 박사학위를 받고 지금 모교에서 교수로 재직하고 있다. 그녀를 좀 아는 사람들의 말로는 박사과정에 있을 때나 학위를 받고 나서도 한동안 그녀는 비교적 평범한 박사 후 연구원 중의 한 명이었다고 한다. 나름대로 자기 분야에서 꾸준히 논문을 써왔지만, 학계에 이름을 날릴 정도는 아니었다.

그러던 그녀가 학계의 신데렐라로 떠오른 것은 1999년 단 한 편의 논문 때문이었다. 당시 보스턴 대학의 라만 선드럼Raman Sundrum 박사와 함께 쓴 「작은 부가차원으로부터의 거대한 질량 위계A Large mass hierarchy from a small extra dimension」라는 4쪽짜리 논문은 수십 년 동안 물리학계가 고민해오던 '위계의 문제hierarchy problem'에 새로운 돌파구를 마련해주었다.

물리학자들은 어찌 보면 참 쓸데없는 일에 고민을 많이 한다. 위계질서의 문제도 보통 사람들이 보기엔 그런 것들 중 하나일지 모른다.

자연계에는 네 가지의 힘이 알려져 있다. 중력, 전자기력, 약한 핵력, 그리고 강한 핵력 등 네 힘이 현재까지 인류가 알고 있는 자연의 힘들이다. 중력과 전자기력은 보통 사람들에게도 친숙한 힘이다. 약한 핵력은 핵붕괴와 관련된 힘이고 강한 핵력은 핵자들을 원자핵으로 강하게 묶어두는 힘이다.

중력을 제외한 나머지 세 힘은 이른바 입자물리학의 '표준모형'으로 구축되어 있는데, 대략 양성자 질량의 1천 배 정도 되는 에너지까지 잘 들어맞는 것으로 여겨지고 있다.* 그런데 이 정도의 에너지에서는 중력의 효과가 극히 미미하다. 중력의 효과가 나머지 세 힘과 비등해지려면 그 에너지가 양성자

리사 랜덜

---

* 그 유명한 아인슈타인의 공식($E=mc^2$)에 의해 질량과 에너지는 같다.

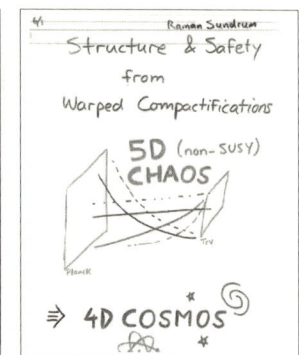

선드럼과 그가 제시한 5차원

질량의 약 10,000,000,000,000,000,000배에 이르러야 한다. 이 에너지를 플랑크 에너지라고 부른다. 중력과 표준모형 사이에 왜 이런 거대한 에너지 갭이 존재할까 하는 것이 바로 위계의 문제이다.

이 위계의 문제는 수십 년 동안 물리학자들을 괴롭혀왔으며, 현재 학계가 가장 시급하고도 긴박하게 해결해야 할 문제 가운데 하나이다. 그런 만큼 이 문제는 새로운 물리학의 장을 열어젖히는 데에 큰 공헌을 해온 것도 사실이다. 초대칭성supersymmetry이 표준모형을 넘어선 새로운 물리학의 패러다임으로 각광받고 있는 가장 큰 이유 중의 하나도 바로 이 위계 문제를 아주 깔끔하게 해결하기 때문이다.

다섯번째 차원이 모습을 드러내다

랜덜과 선드럼의 아이디어는 획기적이다. 그들에 의하면 자연에는 우리가 알지 못하는 숨겨진 또다른

제5차원이 있다(지금 우리는 시공간의 4차원에 살고 있다). 이 다섯번째 차원(그림의 수평선이 제5차원을 나타낸다)을 따라 두 개의 4차원 막brane이 존재한다.

그림에서 보는 것처럼 막 A는 플랑크 에너지처럼 아주 높은 에너지가 살고 있는 세상이다. 막 B는 우리가 사는 세상으로 표준모형의 전형적인 에너지처럼 플랑크 에너지에 비해 매우 낮은 에너지가 살고 있는 세상이다. 위계 문제란 이 두 세계 사이의 에너지 차이가 왜 그렇게 큰가 하는 것인데, 랜덜과 선드럼에 의하면 제5차원 공간의 곡률이 이 엄청난 차이의 에너지를 야기한다. 랜덜-선드럼 모형에서는 이 두 세계가 5차원을 따라 기하급수적으로 급격하게 굽어 있다.

바로 이 5차원의 굽은 효과 때문에 플랑크 에너지와 표준모형 에너지 사이의 천문학적인 차이를 쉽게 설명할 수 있다.

사실 4차원 이외의 부가차원에 대한 논의는 그 역사가 깊다. 예컨대, 가느다란 실을 멀리서 보면 1차원 직선이지만 가까이서 들여다보

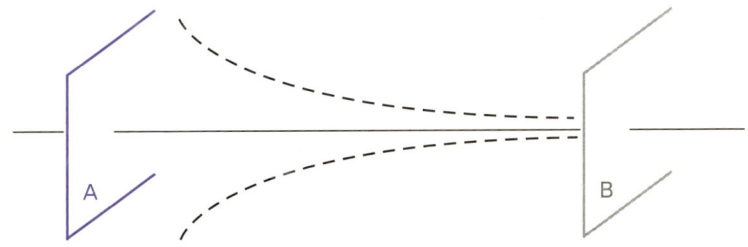

아르카니-하메드

면 그 굵기를 따라 또다른 차원이 존재한다는 것을 알 수 있다. 아인슈타인의 상대성이론이 나온 직후 이미 칼루자Kaluza와 클라인Klein은 5차원의 존재를 예견했었다. 특히 초끈이론에서는 그 이론의 내적 정합성을 위해 시공간이 10차원이어야 한다는 것이 이미 알려져 있었다. 부가차원을 도입해서 위계질서의 문제를 풀 수 있다는 것은 랜덜-선드럼보다 1년 앞서 아르카니-하메드Arkani-Hamed 등에 의해 일찍이 제기되었는데*, 랜덜-선드럼 모델은 이보다 진일보한 것으로 평가받고 있다.* 최근 확인한 바로는 랜덜-선드럼의 논문이 무려 3142회나 인용되었다고 한다. 보통 노벨상 수상을 위해서는 1500회 이상 인용되어야 한다고

---

* "The Hierarchy problem and new dimensions at a millimeter", Nima Arkani-Hamed (SLAC), Savas Dimopoulos (Stanford U., Phys. Dept.), G.R. Dvali (ICTP, Trieste), Phys. Lett. B 429: 263~272, 1998. 이 모형은 저자들의 머릿글을 따서 ADD 모형이라고 부른다.

* 공간이 질량의 효과를 흡수할 수 있다는 아이디어는 꽤 오래 전에 초끈이론에서도 제기된 바가 있다. 그러나 이 아이디어를 위계 문제에 적용한 것은 ADD 모형이 처음이었다. ADD 모형은 랜덜-선드럼 모형과는 달리 부가차원이 굽어 있지 않고 평평하다.

하니 이 횟수가 갖는 의미를 짐작할 수 있을 것이다.

지난 2006년 유럽의 어느 학회에 랜덜이 참석하기로 했다가 취소된 사건이 학계의 관심을 모은 적이 있었다. 그 이유가 영화감독 스티븐 스필버그와의 약속 때문이었다고 한다. 그 약속이 영화를 만들기 위한 것인지, 단지 몇 마디 얘기를 나누기 위한 것인지는 알 길이 없다. 아직 공식적으로 드러난 바는 없지만, 그러나 항간의 소문에 의하면 랜덜의 조언을 받은 스필버그가 제작자로 나서며 유명 작가가 직접 시나리오를 맡아 영화를 제작한다는 얘기가 무성하다고 한다. 사실 어릴 때 영재 소녀였던 그녀의 이야기 자체가 영화 소재가 될 법도 하거니와, 그녀의 이론 또한 스필버그의 관심을 끌기에 충분해 보인다. 어쩌면 머지않아 「콘택트Contact」 같은 영화가 나올지도 모를 일이다. 조디 포스터나 그 후임자가 랜덜과 같은 물리학자로 나와 부가차원으로 시간여행하는 그런 스토리로 말이다.

▪ 스토리 생산에서 자연과학이 절실한 이유

세상 사람들은 대개 입자물리 같은 아주 근본적인 학문은 살아가는 데에 아무짝에도 쓸모없다고 여기지만, 랜덜이 스필버그에게 SF 영화에 대한 과학 자문을 해주고 그 스토리에 영감을 준다는 사실은 기초과학이 우리 일상을 얼마나 풍요롭고 재미나게 해줄 수 있는가에 대한 단적인 예가 아닐까. 그렇지 않아도 소재가 바닥난 할리우드에서는 이런 최첨단의 과학 이론이 가뭄의 단비임에 틀림없을 것이다.

이는 요즘 잠시 주춤하고 있는 한류 열풍에도 시사하는 바가 크다. 랜덜이 스필버그를 만난다는 소문을 듣고서 나는 10여 년 전 이건희 전 삼성그룹 회장이 스필버그를 만났던 일화가 떠올랐다. 스필버그가 카젠버그와 함께 드림웍스를 출범시키면서 투자자를 유치할 때 이건희 전 회장도 스필버그가 관심 있어 했던 투자자 중 한 명이었다고 한다. 스필버그는 어느 날 이건희 등 투자자들을 자신의 집으로 초대해 저녁을 함께했다. 그런데 이 자리에서 9억여 달러를 투자하겠다는 이건희를 스필버그는 상당히 못마땅해했다. 그 이유는 "대화하는 내내 반도체 얘기가 스무 번도 넘게 나왔기" 때문이라고 한다. 아마 이건희가 그 자리에 입자물리학자나 한국사 전문가를 대동했다면 상황은 크게 달라지지 않았을까.

그렇다고 우리는 이건희의 낮은 안목만을 탓할 수도 없다. 그것이 바로 우리 사회의 수준이기 때문이다. 그 당시에 비해 한국 영화는 비약적인 성장을 거듭했고 한국 드라마는 '한류'를 만들어내며 아시아 전역을 휩쓸고 있다. 그러나 이런 외형적인 성장 속에서도 우리의 근본과 기초는 여전히 10여 년 전과 달라지지 않은 듯하다.

영화든 드라마든 가장 중요한 것이 바로 콘텐츠이고 그 핵심은 스토리일 수밖에 없다. 이 스토리는 '생산' 되어야 하는데, 그 역할을 담당하는 분야가 바로 자연과학과 인문학으로 대변되는 기초학문이다. 근래에 인기를 끌었던 「주몽」이나 「태왕사신기」 같은 TV 역사 드라마에서 끝없이 역사 왜곡과 늘어진 이야기 전개 논란이 나오는 이유도 우리나라에 고구려 전문가가 부족한 탓이 크다. 작가나 감독이 처음부터 끝까지 모든 걸 다 할 수는 없는 노릇이다. 누군가는 보석을 아름답게 세공해야겠지만 또 누군가는 원석을 캐는 일에만 집중해야 하는데, 안타깝게도 이 일을 하는 사람이 극히 소수에 불과하다.

현재 우리나라에서는 기초과학자들의 절대적인 숫자가 자생력을 가질 만큼도 되지 않는다. 랜덜이 재직 중인 하버드 대 물리학과의 경우 교수직이 약 65명으로 서울대의 1.5배 정도 된다. 기초과학이나 기초인문학으로 먹고사는 사람들이 많다는 것은 그만큼 그 사회가 어떤 스토리를 생산해낼 능력이 높다는 것을 의미하고, 요즘 같은 세상에는 그것이 곧 국가 경쟁력과 직결된다. 그러니까, 기초학문에 국가적인 관심을 기울이는 것은 '지금 당장'을 위해서도 매우 절박한 문제가 아닐 수 없다. '한류우드'니 '한류체험관'이니 혹은 '한류엑스포'니 하는 것들은 껍데기에 불과하다는 비판이 나오는 것도 당연하다. 이런 데 돈 쓰는 것보다는 자연과학자, 역사학자, 인문학자들을 체계적이고 안정적으로 육성하기 위한 대책을 마련하는 것이 한류 발전에 훨씬 더 도움이 될 것이다.

글쎄, 내가 랜덜처럼 혹은 그보다 훨씬 더 위대한 물리학자들처럼 훌륭한 업적을 남기기는 아마 힘들지 모른다. 우리나라 전체를 봐도 향후 몇 년 내에는 쉽지 않을 것 같다. 그러나 지금부터라도 기초학문 육성을 '국가적인 사업'으로 벌인다면 적어도 지금 세상에서 가장 앞서 있는 사람들이 도대체 무슨 생각을 하고 있으며 무슨 얘기를 하고 있는지 따라갈 수는 있다. 이 정도만 되더라도 우리는 사람들에게 세상이 지금 어떻게 돌아가고 있는지, 자연과 우주의 근본 원리들은 무엇인지를 더 쉽고 더 넓게, 더 깊게 얘기해줄 수 있을 것이다. 그렇게 우리 사회의 수준이 전반적으로 향상된다면 최소한 제2의 이건희가 스필버그에게 구박받는 일은 없지 않을까. 더 나아가 그런 바탕 속에서라야만 우리도 아인슈타인 같은 슈퍼스타의 배출을 기대할 수 있을 것이다.

"상상력이 지식보다 중요하다"
생물학자가 만들어낸 영화

중국의 동북공정 탓도 있겠지만, 요즘 방송사 드라마를 주름잡고 있는 사극 열풍은 콘텐츠에 대해 많은 시사점을 던져준다. 5천 년이 넘는 유구한 역사와 그 속에서의 파란만장했던 인생사는 그 자체가 한 편의 소설이고 드라마이며 또 장대한 영화다. 그렇기 때문에 사극은 스토리와 캐릭터 '생산'에 대한 부담이 상대적으로 덜한 편이다. 다른 한편으로 우리는 우리 자신의 역사에 대해서 너무나 모르는 것이 많다. 여기에는 여러 가지 이유가 있겠지만, 근본적으로 역사나 한국학, 더 나아가 우리나라에서 인문학을 업으로 삼는 전문가들이 턱없이 부족하기 때문이다.

물리학을 전공하는 나로서는 사실 그분들에게 미안한 마음이 앞선다. 이공계는 아무리 어렵다고 하더라도 병역 특혜나 BK 사업 등 그나마 국가와 사회로부터 약간의 관심을 받는다. 2008년의 한 통계를 보면 대졸 취업자의 90퍼센트 이상이 이공계라고 하니 이 땅에서 인문학의 피폐함이 어떠한지 미루어 짐작할 수 있을 듯하다.

서울대에는 규장각이라는 고문서 보관소가 있다. 여기에는 아직 정체도 확인되지 않은 희귀한 고문서들도 상당수 있다고 한다. 이들에 대한 번역 작업이나 본격적인 연구는 차치하고라도, 방진이나 방습 장치조차 완벽하게 갖춰지지 않아 이 소중한 유산들이 썩어가고 있다는 얘기를 들은 것이 10년도 넘었지만 아직 근본적인 대책은 없는 것으로 알고 있다. 한류 입장에서 투박하게 말하자면, 여기서 잘 건진 책자 하나가 제2의 「대장금」이나 「왕의 남자」를 만드는 셈이다. 한류 열풍을 등에 업고 그 결과물에만 많은 인력과 역량이 집중되고 있는 반면, 이렇게 맨땅에서 보석의 원석을 캐내는, 그야말로 지식과 스토리와 캐릭터를 '생산'해내는 현장은 너무나 공허하다. 『난중일기』의 초서본이 번역된 게 불과 얼마 전의 일이다.

물고기 전문가의 강의로 만들어진 영화

월트 디즈니 픽사 애니메이션 스튜디오가 제작한 「니모를 찾아서」는 할리우드 애니메이션의 새 장을 연 작품으로 평가받는다. 2004년 3월 1일에는 제76회 아카데미상 시상식에서 장편 애니메이션상을 수상하기도 했다. 기획에만 무려 7년, 제작에 4년이 소요된 이 영화는 미지의 해저세계를 완벽하게 재현했다. 여기에는 180명에 달하는 세계 최고 수준의 애니메이션 팀이 큰 공헌을 했지만 수중 생물의 생태를 자문했던 애덤 서머스Adam Summers 교수의 역할도 빼놓을 수 없다.* 「니모를 찾아서」가 아카데미상을 수상하기 한 달 전, 『네이처』지는 애덤 서머스의 인터뷰 기사를 싣기도 했다.*

서머스 교수가 「니모를 찾아서」와 인연을 맺게 된 계기도 영화의 한 장면 같다. 현재 어바인 캘리포니아 대학 교수로서 생체역학 및 기능적 형태학 전공자인 그는 2000년 초 버클리 대에서 박사 후 연구원 과정으로 있으면서 대학 근처에서 하숙을 했다. 이때 우연히도 그 하숙집 여주인이 픽사 애니메이션 스튜디오의 미술감독이었다. 이것이 인연이 되어 그는 픽사 스튜디오로 거의 출근하다시피 하며 제작진에게 20여 회에 걸쳐 어류학을 강의했다. 내용도 일반교양 수준이 아니라 거의 대학원급이어서 어류의 이동 방법, 행태, 생리, 색깔, 헤엄치는 방법, 집단행동 등등에 대해 강의했다고 한다. 그의 강의는 실제 영화 제작에서 다양한 물고기들의 움직임을 표현하는 데에 큰 도움을 주었다.

심해에 사는 아귀 이야기는 특히 제작자들에게 감동을 주었다고 한다. 심해는 너무나 어두워서 아귀 같은 물고기는 자기 짝을 찾기가 무척 어렵다. 작은 수컷은 큰 암컷이 분비한 페로몬을 따라 헤엄치다 암컷에 찰싹 들러붙게 된다. 결국 암수는 서로 이 상황에 익숙해지고 수컷은 암컷에 기생하는 정소의 역할을 한다. 암컷이 알을 낳을 준비

* 조선일보 2007년 5월 21일자 「과학자들은 영화 주인공 '니모'에 왜 열광하나」
* Alison Abbott, The fabulous fish guy, Nature, 19 Feb 2004.

애덤 서머스

가 되면 수컷은 알을 수정시킨다. 이 내용은 영화에서도 그대로 재현되었다. 서머스는 심지어 스튜디오에 임시로 작은 연구실까지 만들기도 했다. 애니메이션에서는 빛의 질감이 무척 중요하다고 한다. 이 때문에 서머스는 물고기 비늘의 광학적 성질이 어떻게 생체구조적인 색깔을 나타내는지 설명하기 위해 물고기 해부학 강의도 마련했다. 제작진들은 물고기 턱의 움직임이 갖는 한계를 알아내기 위해 직접 물고기 머리를 해부하기도 했다.

서머스가 커버하기 힘든 주제들은 다른 전문가를 초빙함으로써 해결했다. 그리하여 고래나 파도의 역학, 해파리의 운동, 분류학 등의 전문가들이 스튜디오로 초대되었다. 색조 팀장인 로빈 쿠퍼는 고래 조직을 직접 경험해보고 싶어서 실제 고래의 이곳저곳을 뒤적거리기도 했다. 마침 서머스가 버클리의 척추동물 박물관에서 일하고 있었기 때문에 해변으로 죽어나온 고래를 쉽게 접할 수 있었다. 영화에서 고래는 주인공 물고기를 시드니까지 데려다주는 중요한 역할을 한다.

『네이처』와의 인터뷰에서 서머스는 "이 양반들이 얼마나 철두철미한지 놀랐을 뿐이다"라고 회고했다. 덕분에 많은 해양 생물학자들이 영화의 과학적 정확성에 경탄해 마지않았다. 영화가 잘 준비되고 있을 즈음 한번은 감독이 자문 과학자들에게 뭔가 잘못된 점이 있는가 물어본 적이 있었다. 캘리포니아 몬터레이 만에 있는 습지해양연구소의 마이크 그레이엄은 마치 전광석화와도 같이 산호초에 그려진 켈프라는 해초를 지적했다. 이 해초는 차가운 물에서만 자란다. 좌중에서 구시렁거리는 소리가 들리자 "그렇다면 영화를 보러 가지 않는 게 좋겠군" 하는 소리가 들려왔다. 결국 그레이엄의 지적에 따라 모든 잎을 다 지웠다. 물론 비용은 만만치 않게 들었다고 한다.

물론 서머스 같은 전문가가 없었더라도 영화는 어떻게든 만들어졌겠지만, 그 완성도는 현저하게 떨어졌을 게 분명하다.* 서머스는 오스카 시상대에 오르지는 못했지만 영화 자막 끝부분에 그 이름을 남겼다.

"애덤 서머스—어마어마한 물고기 전문가 Fabulous Fish Guy."

그런 할리우드가 이제는 정말 상상할 수 있는 얘기를 다 했는지 영화 소재 고갈에 시달리고 있다. 한국 영화도 리메이크 되는가 하면 그들의 선조라 할 수 있는 유럽의 온갖 신화까지 동원되고 있다. 미

---

* 「니모를 찾아서」에서도 옥의 티는 있다. 고래는 입과 숨구멍이 연결되어 있지 않은데, 고래 입으로 들어간 주인공 물고기들이 고래 숨구멍을 통해 밖으로 튀어 나온다.

국이 '과거'에 본격적으로 눈을 돌리기 시작한 것이다. 이 점에서만큼은 아마 할리우드도 한국을 무척이나 부러워할 법하다. 우리가 살아온 나날들, 할아버지 할머니가 전해주는 이야기들, 어쩌면 우리 유전자에 새겨진 것만 같은 그 감성들이 사실은 '백만 불짜리' 코드라 할 수 있다.

인문학이 도와줘야 과학이 그럴듯해진다

다시 우리 얘기를 하자면, 문화 경쟁력을 위해서는 미국과는 반대로 '과거'는 물론이거니와 '현재'와 '미래'에도 관심을 기울여야 하지 않을까. 과학자들의 역할도 여기에 있다. 현대의 문명은 '과학문명' 외에는 더 나은 별명이 없어 보인다. 기초과학이란 것이 복잡한 수식과 추상적이고 어려운 개념들의 복합체가 아니라 이 땅 대자연과 우주에 대한 총체적인 지식의 통합체라고 했을 때, 이에 대한 명확한 이해와 끝없는 탐구야말로 스토리의 공기주머니를 촘촘하게 채워 떠오르게 만들 수 있다.

이 현재와 미래에 대한 공허함이 채워지면 세계에서 통하는 우리의 장르도 드라마나 영화에서 다큐멘터리 등으로 자연스럽게 확대될 수 있을 것이다. 영국 BBC나 일본 NHK가 세계 최고의 다큐멘터리를 제작해낸 것은 우연이 아니다.

똑같은 이야기를 반대 방향으로 할 수도 있다. 물리학이 발전하기 위해서라도 인문학이 발전해야 한다는 것이다. 실제 연구를 하다보면 가장 막히는 부분이 바로 물리적 스토리의 재구성이다. 공식이나 이론을 어느 정도 따라가는 것은 정규 교육 아래에서 가능한 일이지만, 새로운 물리 상황을 재해석하고 그것을 그럴듯한 이야기로 새롭게 만들어내는 데에는 그 사회의 전반적인 인문학적 풍토가 큰 도움이 된다. 아인슈타인이 강조했듯이 "상상력이 지식보다 더 중요하다."

안타깝게도 아직 우리 사회는 기초과학이나 인문학이 배부른 인간들의 향유물이며, '기본'이라는 것은 귀찮거나 고리타분하며 바보스러운 것이라는 인식이 너무 강하다. 정부조차도 긴급함과 절박함, 그 직접적인 파급 효과를 제대로 이해하지 못하고 있다. 사실 이런 '전통'은 우리에게는 매우 낯선 것이다. 조선조 500년은 인류 역사상 그 유래를 찾아보기 힘들 정도로 가장 정교하고도 완벽에 가까운 기록 문화를 가졌던 시기이다. 한글과 조선왕조실록, 프랑스가 보관 중인 외규장각 의궤 등만 봐도 불과 몇백 년 전 우리 조상들이 얼마나 '기본'에 충실했는지, 그리고 그 기본에 얼마나 많은 국가적 역량을 투입했는지 알 수 있다. 아마 조선이 서양 과학을 제대로만 받아들였다면 세계 최고 수준의 과학문명을 이루었을 것이 틀림없다. 자주적 근대화의 실패와 식민의 역사가 모든 과거와의 단절을 종용하게 했지만, 그렇다고 해서 이 '기본'에 충실하며 학문을 숭상했던 조선의 정신까지 내다버려서는 안 될 것이다.

과학이 아름다울 수 있을까?
과학 이론과 아름다운 스토리라인의 5가지 상관관계

과학자들은—모든 과학자는 아니더라도 적어도 물리학자들은—아름다움을 추구한다. 이 점에서만큼은 과학자를 예술가라고 불러도 좋다. 그런데 아름다움? 과학은 가장 엄밀하고 객관적인 지식 체계라는 통념과 아름다움이란 개념이 잘 겹쳐지지 않을지도 모르겠다. 이 순간 얼른 드는 의문은 이런 것이다. "아름다움이란 무엇인가?" "아름다움을 과학적으로 정의할 수 있는가?" 이 질문은 아무래도 과학보다는 미학에 더 어울려 보인다. 미학에서 아름다움에 대한 답변이 어느 정도로 만족스럽게 제시됐는지는 모르겠지만, 적어도 과학자들이 추구하는 아름다움에 관한 한 그리 만족스럽거나 널리 통용되는 정의는 없는 듯하다. 따라서 과학자들이 생각하는 아름다움을 연역적으로 규정하는 것이 무척 어렵고 애매하다 하더라도, 그 몇 가지 성질을 귀납적으로 나열해보는 것은 나름 의미 있는 시도일 것이다.

과학자들이 추구하는 아름다움에도 여러 수준이 있겠지만, 여기서는 과학 이론과 체계의 아름다움을 말하려고 한다. 어떤 경우에는 실험 데이터를 분석한 그림을 보고 무척 아름답다고 느낄 때도 있다. 그러나 그런 경우라 할지라도 실험 결과를 보는 눈이나 틀이 전혀 없다면 데이터가 우리에게 주는 아름다움이란 과학이 전혀 배제된, 하나의 그림으로서의 아름다움에 지나지 않을 것이다.

과학과 TV 드라마의 공통점

와인버그는 자신의 명저 『최종 이론의 꿈』에서 이렇게 썼다.

"단순성 외에 물리학 이론을 아름답게 만드는 또다른 성질이 있다. 그것은 그 이론이 우리에게 줄지도 모르는 필연성에 대한 감각이다. 한 편의 음악을 감상하거나 단시를 듣다보면 우리는 이따금 그 작품 속의 어떤 것도 바꿀 수 없다는 느낌을 받게 된다. 고치고 싶은 음표나 단어가 단 하나도 존재하지 않는다는 이 느낌은 어떤 강렬한 미학적 쾌감을 준다. 라파엘로의 「성가족」을 보면 캔버스 위의 인물 배치가 완벽하다는 것을 알 수 있다. 물론 인물의 배치는 그림마다 다르고 여러분들은 인물 배치가 완벽한 그림을 좋아하지 않을 수도 있다. 그러나 라파엘로의 그림을 다시 보자. 그의 그림에서 고칠 게 하나도 없다는 것을 알게 된다. 그것은 일반상대성이론

스티븐 와인버그의 『최종 이론의 꿈』

에 대해서도 부분적으로는 사실이다."

나는 여기서 과학 체계나 과학 이론의 미학, 혹은 '과학의 미학'을 말하려는 게 아니다. 그것은 과학의 과학을 구성하는 것만큼이나 어려워 보인다. 그보다 좀더 실용적인 자세를 취한다면, 우리는 과학의 어떤 요소들이 과학자들에게 아름답다는 느낌을 불러일으키는지 몇 가지를 추출하여 들여다볼 수 있다. 물론 그 요소들이 과학의 미학에 관한 자기완결적인 집합을 이루기는 어려울 것이다. 그렇더라도 이러한 상향식bottom-up 분석을 통해 과학자들이 생각하는 아름다움의 실체에 접근할 수 있을 뿐만 아니라, 무엇이 과학을 과학답게 하는가라는 질문에 대한 답에도 한발 다가갈 수 있을 듯하다. 게다가 이런 분석은 과학 이외의 체계나 구조를 들여다보는 데에도 큰 도움이 된다.

나는 어느 날 우연히 아름다운 과학 이론과 TV 드라마의 잘 짜인 스토리라인이 무척이나 유사하다는 것을 알게 되었다. 사실 이 점은 과학 체계나 이론이라는 것이 결국에는 가장 합리적이고 믿을 만한 구조로 짜인, 자연과 인간에 관한 대서사시라는 점을 인정하고 나면 아주 싱거운 결론일지도 모른다. 앞서 보았듯이 정치나 외교 같은 체계의 구성 또한 일종의 과학적 원리와 방법론이 그 기본에 스며들어야 한다는 점을 인정한다면 과학 이론-스토리라인의 동형관계가 특별히 새로운 발견은 아닐 것이다.

그러나 다른 모든 분야에서도 마찬가지이듯이 아무런 상관이 없어 보이던 두 대상이 실제 매우 유사한 관계에 있다는 점을 깨닫고 나면 각각에서는 볼 수 없었던 새로운 면모를 쉽게 알 수 있다. 바둑의 고수는 정석을 몰라도 그 국면에서 정석을 두는 것과 마찬가지로, 뛰어난 작가는 과학을 몰라도 자신의 스토리를 과학적으로 구성한다. 따라서 이미 작가들에게 알려져 있는 글쓰기의 불문율이나 노하우 등이 결국에는 아름다운 과학 이론의 구성 요소와 크게 다르지 않을 것이라 여겨진다.

과학의 아름다움을 떠받치는 다섯 가지

아름다운 과학 이론과 아름다운 스토리라인의 유사한 관계는 무엇인가.

1. 일관성consistency

일관성은 과학 이론이 가져야 할 가장 기본적인 특성 중 하나다. 이것을 한마디로 말하자면 앞에서 한 말과 뒤에서 한 말이 서로 모순되지 않는 성질이다. 가령 한국의 정치와 언론이 신뢰를 잃은 가장 큰 이유가 바로 이 일관성의 결여 때문이다. 과학 이론은 두말할 필요도 없다. 어떤 이론에 일관성이 없다면 결국 파기되고 만다. 물론 일관성만 갖췄다고 해서 좋은 이론이 되는 것은 아니다. 일관성은 어떤 체계의 내적 성질에 대한 문제이기 때문에 실재하는 자연과 아무런 상관이 없어도 무방하다. 수학이나 논리학이 내적 일관성을 끝까지 발전시킨 경우라고 할 수 있다. 이 때문에 어떤 이들은 수학을 자연과학이라고 부르기를 주저하기도 한다.

실제 과학이 발전해온 역사를 되돌아보더라도 과학 이론의 내적 일관성은 한 이론을 평가하는 매우 중대한 기준이었다. 대표적인 예를 들자면 양자장론이나 초끈이론의 경우가 있다. 양자장론은 말 그대로 장field에 대한 양자이론이다. 이때 상대성이론, 그중에서도 특수상대성이론이 고스란히 결합된다. 이렇게 탄생한 이론이 양자전기동역학Quantum ElectroDynamics, QED이다(1948년). 리처드 파인만과 줄리안

QED를 구축한 파인만, 슈윙거, 신이치로.

슈윙거, 그리고 일본의 도모나가 신이치로가 QED를 구축한 공로로 1965년 노벨 물리학상을 공동 수상했다. QED를 한마디로 말하자면 고전적인 전자기학을 양자역학적·상대론적으로 현대화한 이론이다. QED는 전자처럼 전기적 전하를 띤 기본 입자와 전자기력을 매개하는 빛, 즉 광자를 주로 다룬다.

QED는 비교적 낮은 에너지 영역에서는 매우 성공적이었다. 그러나 높은 에너지에서는 심각한 문제가 생긴다는 것을 곧 알게 되었다. 양자역학의 세계에서는 우리의 일상적인 직관을 넘어서는 현상들이 종종 발생한다. 양자역학은 길이 단위가 대단히 짧은 영역에 적용되는 물리학의 체계로서, 원자 이하 단위의 세계는 양자역학의 지배를 받는다. 고전적인 뉴턴 역학은 양자역학의 한 극단적인 경우로 포함된다. 양자역학에 의하면 전자나 광자 같은 소립자들은 고리 모양을 형성하며 반응할 수 있다. 예를 들어 전자는 순간적으로 광자를 내놓았다가 그 광자를 다시 받아들이는 과정을 끝없이 반복한다. 한편 광자는 전자와 그 반입자anti-particle인 양전자positron를 내뱉고(쌍생성 pair creation), 이렇게 생성된 전자와 양전자가 다시 만나 광자가 되기도 한다(쌍소멸pair annihilation). 이런 과정들을 시간에 따른 입자의 궤적으로 표현하면 단순한 기하학적 도형으로 쉽게 표현된다. 이 도형을 파인만 도형이라고 한다.

고리를 이루는 파인만 도형의 경우 그 고리 안에서는 아무리 큰 에너지가 투여되더라도 물리법칙을 위반하지 않는다. 이는 마치 내가 은행에서 아무리 많은 돈을 꿔오더라도 곧 다시 갚으면 (이자를 생각하지 않을 때) 원래 내 돈의 양에 변함이 없는 것과 같은 이치다. 이런 식으로 생각할 수 있는 모든 과정은 전자의 질량이나 전기 전하량에 영향을 준다. 문제는 QED가 이런 고리 모양의 과정들을 계산했을 때 예외 없이 무한대의 결과가 나온다는 사실이었다.

전자의 질량이나 전기 전하량처럼 관측 가능하고 잘 측정된 물리량을 무한대로 예측하는 이론이 있다면 누구나 그 이론에서 뭔가가 잘못되었다고 생각할 것이다. 즉, QED의 내적 일관성을 의심하지 않을 수 없게 되었다. QED가 양자역학과 상대성이론을 결합한 이론이었지만, 이 무한대 문제는 두고두고 1930~40년대 과학자들을 괴롭혔다.

무한대의 문제를 해결한 방식은 언뜻 보기엔 말장난처럼 보일지도 모른다. 과학자들은 애초에 이론에서 도입했던 전자의 질량이나 전하량이 무한대의 값을 포함하고 있었다고 생각했다. 따라서 이 물리량들을 적절하게 잘 조정해주면(이 과정을 재규격화라고 한다) 양자적인 효과에서 오는 무한대들을 정확하게 상쇄하리라고 기대할 수 있다. 문제는 이렇게 물리량들을 한번 재조정하기만 하면 가능한 모든 고리반응들의 무한대를 체계적으로 없앨 수 있을까 하는 점이다. 이것이 가능하면 우리는 그 이론이 재규격화 가능renormalizable하다고 말한다.

다행히 QED는 재규격화가 가능하다. 재규격화가 가능한 이론의 종류는 극히 제한되어 있다. 말하자면 QED는 자신을 옥죄었던 무한대의 문제에 맞닥뜨려 그것을 훌륭히 극복함으로써 오히려 이론 내적인 일관성을 강화하는 결과를 낳았다. 재규격화 가능성은 QED뿐만 아니라 그것의 보다 현대화된 버전이라 할 수 있는 입자물리학의 표준모형에서도 유명세를 떨쳤다. 표준모형은 QED를 확장한 이론으로서 그 근간은 통상적인 전자기력의 게이지 대칭성을 확장하여*
약력과 전자기력을 통합했다. 게이지 대칭성이란 우리가 물리현상을 관찰하는 틀을 임의로 바꾸더라도 물리법칙이 변하지 않는다는 대칭성이다. 이 이론은 1960년대 스티븐 와인버그, 셸던 글래쇼, 압두스 살람이 각각 독립적으로 개발했다. 그 때문에 표준모형은 이 세 명의 이름을 따서 GSW 모형이라고 불렸다. 그러나 개발 초기 이 이론은 큰 주목을 받지 못했다.

GSW 모형의 재규격화에 큰 관심을 가진 초기 인물은 다름 아닌 이휘소였다. 이휘소는 일찍이 GSW 이론의 중요성을 간파했다. 이에 큰 영감을 얻은 네덜란드의 토프트는 자신의 박사학위 논문에서 지도교수였던 벨트만과 함께 GSW 이론이 재규격화 가능하다는 것을 입증했다. 이 공로로 벨트만과 토프트는 1999년 노벨상을 수상했다. GSW 이론이 학계의 관심을 끌게 된 것도 토프트의 논문과, 이 논문에 영감을 주고 이후 지속적인 관심으로 연구를 계속한 이휘소 덕분이었다. 와인버그와 글래쇼, 살람은 1979년 노벨상을 수상했다. 그 2년 전 비극적인 사고가 없었다면 아마도 이휘소가 노벨상을 수상한

---

* 수학적으로 말하자면 가환군abelian group을 비가환군non-abelian group으로 확장한 것이다.

셋 중의 한 명이었을 것임은 거의 확실하다.

  표준모형에서 가장 핵심적인 역할을 하는 입자는 힉스 입자다. 이것은 방향성이 전혀 없는 입자*로서 다른 모든 소립자들에게 질량을 부여하는 막중한 역할을 수행한다. 표준모형의 소립자 중에서 다른 모든 입자는 실험적으로 검출되었으나 오직 힉스 입자만 발견되지 않고 있다. 현재 유럽 CERN에서 가동 중인 대형강입자충돌기LHC의 가장 중요한 임무가 바로 힉스 입자를 발견하는 것이다.

  표준모형은 게이지 대칭성을 유지하는 방식으로 구축되었는데, 이 대칭성이 질량의 존재를 거부한다. 과학자들은 게이지 대칭성이 자발적으로 깨어져 소립자들이 질량을 얻는 과정을 고안했다. 이 과정에서 꼭 필요한 것이 힉스 입자다. 이휘소의 가장 큰 업적 중 하나는 힉스 입자가 질량을 부여하는 것 외에도 소립자들의 상호작용에서 매우 중요한 역할을 한다는 점을 보인 것이다. W라는 입자는 약력을 매개하는 입자로서 표준모형의 확장된 게이지 대칭성 때문에 도입되었다. 이 입자들이 서로 충돌하여 산란하는 과정을 양자역학적으로 계산해보면 그 반응 확률이 높은 에너지에서 1을 넘는 것으로 알려져 있었다. 이휘소는 힉스 입자가 새로 도입되면 W입자들이 힉스를 주고받는 반응이 추가되어 전체적으로 반응 확률이 1을 넘지 않는다는 점을 규명했다. W입자의 산란 반응 확률이 1을 넘지 말아야 한다는

---

* 방향성이 없는 입자를 스칼라 입자라고 한다.

점도 이론의 내적 일관성이라 할 수 있다. 확률이 1을 넘을 수는 없는 노릇이기 때문이다. 만약 힉스 입자가 영원히 발견되지 않는다면, 과학자들은 소립자들의 질량 문제뿐만 아니라 W 산란 반응의 명백한 모순을 다른 식으로 해결해야만 한다.

일관성에 직접적으로 반대되는 개념 중 하나로 비정상성anomaly이라는 것이 있다. 이것은 말 그대로 뭔가 정상이 아닌 상황을 묘사한다. 그중에서 특히 중요한 것이 게이지 비정상성이다. 게이지 비정상성은 게이지 대칭성을 기반으로 구축된 게이지 이론에서 있어서는 안 되는 (즉 0이 되어야만 하는) 어떤 양이다. 표준모형에서는 이 게이지 비정상성이 정확하게 상쇄된다. 이런 면에서도 표준모형은 "세상은 무엇으로 만들어졌을까?"라는 질문에 대한 인류 최고의 모범답안(적어도 현재까지는)임에 분명하다.

한 이론에 비정상성이 있는가 없는가 하는 것은 그 이론의 존폐와도 직결되는 중요한 문제다. 어떻게 보면 이 말은 동어반복이다. 훌륭한 과학 이론이란 그 근본적인 원리와 상충하는 어떤 것, 즉 비정상성이 없는 이론이다. 이것은 곧 이론의 내적 일관성에 다름 아니다. 초끈이론의 발전과정에서도 비정상성은 중요한 역할을 했다. 처음 끈이론을 구축했을 때, 사람들은 그 이론의 물리적 상태가 음의 확률을 가진다는 것을 알게 되었다. 이를 해소하기 위해서는 시공간이 보통의 4차원이 아니라 26차원이 되어야만 한다. 그러나 여전히 물리적인 바닥상태는 음의 질량타키온tachyon을 가지고 있었다. 나중에

끈이론에 초대칭성을 도입하면서 과학자들은 타키온 상태를 없앨 수 있었다. 초대칭성이 도입된 끈이론이 바로 초끈이론이다. 이 이론에서는 음의 확률을 피하기 위해 시공간이 10차원이어야만 한다. 다시 말해 끈이론에서는 그 내적 일관성이 시공간의 구조와도 밀접한 관계가 있는 셈이다.

실제로 초끈이론이 유망한 물리 이론으로 주목받게 된 것은 초끈이론에서 게이지 비정상성을 없애면서부터다. 이 과정은 그리 단순하지가 않았다. 위튼과 알바레즈-고메는 유형 I의 초끈이론에서 게이지 비정상성이 0이 되지 않는다고 주장했다. 초끈이론을 정초한 그린과 슈바르츠는 위튼-고메의 문제제기 이후 이 문제를 연구하여 위튼과 고메가 빠뜨린 비정상성의 요소들을 찾아냈다. 이 모든 비정상성을 함께 고려하면 유형 I의 게이지 비정상성은 정확히 0이 된다. 초끈이론에 비정상성이 없다는 사실이 알려지자 많은 사람이 초끈이론으로 몰려들었다. 이것이 바로 1차 초끈혁명이다(1983년). 이 과정에서 유형 I 초끈이론의 게이지 구조가 수학적으로 매우 제한된 형태여야 함이 밝혀졌다.*

초끈이론이 유명세를 타게 된 데에는 분명 이 이론이 중력자를 자연스럽게 포함한다는 사실이 큰 역할을 했다. 이 점은 1974년 다미아키 요네야, 존 슈바르츠, 그리고 조엘 셔크가 밝혀냈다. 하지만 중력

---

* SO(32)이라고 한다.

자가 '혁명'까지 이끌어내지는 못했다. 게이지 비정상성은 QED에서의 무한대 문제와 마찬가지로 초끈이론을 한때 궁지에 몰아넣었으나 그 위기를 극복하는 과정에서 극적인 혁명을 불러왔다.

과학의 핵심 요소로 흔히 거론되는 인과관계도 일관성의 맥락에 포함시켜 이해할 수 있다. 상대성이론에 의하면 빛보다 빠른 물리적 신호체계는 없다. 이 사실은 상대론적인 물리 이론을 구축하는 데에 큰 제약 조건으로 작용한다. 예컨대 지구에서 1광년 떨어진 별 X에서 나오는 빛을 보려면 우리는 1년을 기다려야 한다. 별 X에서 어떤 물리적 변화가 생기더라도 1년 안에 지구에서 그 변화를 알 수 없다. 즉 1년보다 짧은 시간 동안에는 별 X와 지구 사이에 어떤 인과관계도 없다. 지구를 중심으로 해서 1광년 거리 내의 구면을 생각해보자. 이 구면의 바깥에 있는 별이나 은하는 1년 동안은 지구와 인과적으로 격리되어 있다. 과학자들은 이런 면을 '인과의 지평선causality horizon'이라고 부른다. 요컨대, 두 사건이 인과관계가 연관이 있으려면 시공간적으로 적절한 간격을 유지해야만 한다.

실제로 우주론에서 과학자들을 곤경에 빠뜨린 문제가 바로 '지평선 문제'다. 관측 위성이 전송한 데이터를 분석해보면 우주는 모든 위치와 방향에 대해 대체로 균일하다. 그런데 지구를 중심으로 우주의 나이만큼 지평선을 그어보면 관측 가능한 우주의 극히 일부에 지나지 않는다. 여기서 의문이 생긴다. 인과적으로 전혀 관계가 없는 광활한 우주의 모든 영역이 왜 서로서로 거의 똑같아 보이는 것일까?

이것이 바로 지평선 문제다.

이 문제를 해결하는 한 가지 방법은 1981년 구스A. Guth와 1982년 린데A. Linde 등이 제안한 급팽창inflation이다. 급팽창 시나리오에 의하면 우주가 대폭발로부터 생겨난 직후 매우 짧은 시간 동안 우주의 크기가 엄청나게 커지는 시기가 있었다. 그 커지는 정도는 지수적으로 증가했다. 과학자들의 추정에 의하면 대폭발 이후 10^{-34}초에서 10^{-32}초 사이 우주의 크기가 10^{43}배 정도 뻥튀기되었다. 이 과정이 있으면 지평선 문제는 자연스럽게 해결된다. 원래 인과적으로 연결되어 있었는데 갑자기 급팽창하면서 서로 멀어졌다는 말이 성립하기 때문이다.

급팽창은 현대 우주론의 근간을 이루는 시나리오다. 우주관측 위성이 보내온 최근 자료들은 급팽창 시나리오를 강력하게 지지한다. 이에 대한 결정적인 증거는 아직 없지만 우주의 초기 상태를 더이상 자연스럽게 설명해주는 이론도 없는 실정이다.

현대적인 양자장론을 구축할 때도 인과관계는 중요한 역할을 한다. 이는 단순히 논리상의 선후관계만을 따지는 데에 머무르지 않고 물리 이론을 수학적으로 만들어나가는 데에도 깊숙이 개입되어 있다.

2. 보편성 universality

과학은 보편성을 추구한다. 이 말은 너무 당연해 보인다. 뒤집어서 생각해보자. 보편적이지 않으면 좋은 과학 이론이라고 할 수 있을까? 나는 어릴 적에 뉴턴의 만유인력이라는 말 자체의 의미를 정확하게 이해하지 못했다. 그저 질량이 있는 두 물체는 서로 당긴다는 정도로 받아들였을 뿐이다. 그러다가 대학에 들어가서 만유인력의 법칙이 영어의 'universal law of gravitation'임을 알게 되었다. 그제야 만유인력의 '만유'가 萬有임이 눈에 들어왔다. 과학의 역사를 잠깐 공부하면서부터는 왜 사람들이 보편universal을 뜻하는 만유를 붙였는지 알 수 있었다.

뉴턴 이전에는 (갈릴레이라는 예외는 있지만) 천체운동의 근본 원리는 물론이고 지상의 모든 물체의 운동도 체계적으로 설명할 수 없었다. 뉴턴은 사과가 떨어지는 것과 천체의 모든 움직임이 단 하나의 힘으로 설명된다고 주장했다. 사과에 작용하는 힘과 천체 사이에 작용하는 힘은 근본적인 수준에서 보자면 차이가 없다. 이 힘은 질량이 있는 물체라면 언제 어디서나 '보편적으로' 작용한다. 그래서 만유인력이다. 뉴턴이 위대한 이유는 이렇듯 보편적인 중력법칙을 발견했기 때문이다. 만약 그의 법칙이 보편적이지 않았다면—지구-태양 사이의 힘과 태양-목성 사이의 힘이 서로 다르고, 또 지구-사과 사이의 힘이 서로 다르다면—후대의 누군가는 왜 그 힘들이 서로 다른가를 연구했을 것이고, 결국에는 질량을 가진 모든 물체 사이에 보편적으로 작용하는 힘을 발견하려고 노력했을 것이다.

보편성을 지향하는 과학자들의 습성은 상대성이론의 근본 원리에도 스며들어 있다. 상대성이론은 말 그대로 관측자의 상대적인 입장에 따라 자연현상을 어떻게 기술할 것인가에 관한 이론이다. 이 이론을 고민한 이가 아인슈타인이 처음은 아니었다. 그보다 수백 년 전

근대과학을 태동시킨 갈릴레이까지 거슬러 올라간다. 물론 보통 상대성이론을 말할 때는 아인슈타인의 상대성이론을 가리킨다. 사람들은 대개 상대성이론이라는 말을 들으면 '상대성'이라는 단어에 주의를 빼앗겨 관측자의 상대적인 운동 상태나 입장만을 중요하게 생각한다. 이는 마치 달을 가리키는 손가락만 쳐다볼 뿐 달은 바라보지 않는 것과도 같다. 이 이론에서 가장 중요한 것은 그 상대성에도 불구하고 '변하지 않는' 물리법칙이다.

상대성이론에서는 관측자들의 상대적인 운동 상태가 서로 다르다. 하나의 관측자에 대해서 다른 관측자가 등속운동(속도가 변하지 않는 운동) 할 때를 기술하는 이론이 특수상대성이론이다. 한편 한 관측자에 대해 다른 관측자가 가속운동(속도가 변하는 운동)을 할 때는 일반상대성이론으로 넘어간다. 등속운동은 가속운동의 특수한 상황이기에 이런 이름들이 붙었다. 일반상대성이론은 뉴턴의 만유인력 법칙을 대체하는 현대적인 중력이론이다.

아인슈타인이 1905년에 발표한 특수상대성이론 논문을 보면 두 가지 가정이 눈에 띈다. 두번째 가정은 그 유명한 광속불변의 가정이다. 광속, 즉 빛의 속도는 어느 좌표계에서 측정하더라도 항상 일정하다. 일상생활에서는 정지한 관측자가 바라보는 비행기의 속도와 버스를 타고 가는 관측자가 바라보는 비행기의 속도가 다르다. 반면 광속은 우리가 정지 상태에서 관측하든 버스를 타면서 관측하든 항상 일정한 값을 가진다. 빛과 똑같은 속도로 날아가면서 관측해도, 그 빛의 속도 역시 정지 상태에서 관측한 광속과 똑같다.

특수상대성이론의 첫번째 가정은 상대적으로 등속운동 하는 모든 관측자에게 물리법칙은 똑같다는 것이다. 언뜻 보기에 이 가정은 특별해 보이지 않는다. "그거야 뭐 당연한 거 아냐?" 하는 생각이 들지도 모르겠다. 그러나 특수상대성이론이 나왔을 당시 시대적 맥락을 들여다보면 아인슈타인의 이 가정은 당연한 것이 아니었다.

고전적으로 빛은 일종의 파동이다. 파동은 그것을 매개하는 매개체를 항상 가지고 있다. 소리나 파도는 각각 공기와 바닷물이라는 매개체를 가지고 있다. 그렇다면 빛이라는 파동의 매개체는 무엇일까? 사람들은 그것을 에테르ether라고 불렀다. 우주의 모든 공간에는 에테르가 가득 차 있고, 이 에테르의 진동이 빛이라고 여겼다. 이에 많은 과학자가 에테르를 실험적으로 검출하기 위해 노력했는데, 1887년 미국의 마이컬슨과 몰리가 매우 정밀한 광학기계로 실험한 결과 에테르는 존재하지 않는 것으로 밝혀졌다. 당시 과학자들은 여전히 에테르가 존재한다는 가정하에 마이컬슨-몰리의 실험 결과를 설명하기 위해 노력했다. 그러려면 빛에 관한 고전 이론인 맥스웰 방정식을 관측자의 운동에 따라 조금씩 고쳐야만 했다. 아인슈타인이 반기를 든 것은 바로 이 지점이었다. 그는 애초에 에테르 따위는 존재하지 않았고 따라서 관측자의 운동이 상대적으로 어떻든 맥스웰 이론을 전혀 고칠 필요가 없다고 주장했다. 그것이 바로 첫번째 가설이다.

에테르의 존재를 포기한 아인슈타인의 대담함이 열렬한 환영을 받지는 못했겠지만 내 생각엔 관측자의 상대적인 운동 상태에 따라 물리법칙이 바뀌지 않는다는 주장은 과학자들의 마음을 꽤 움직였을 듯하다. 왜냐하면 이 가정은 과학자들에게 유전자처럼 각인된 본능인 물리법칙의 보편성을 호소하고 있기 때문이다.

"운동 상태에 따라 물리법칙이 바뀌지 않는다."

상대성이론의 핵심은 바로 이것이다. 특수상대성이론이 예측하는 온갖 이상한 결과들—길이가 줄어들고 시간이 팽창하는 따위의—은 오로지 모든 좌표계에서 물리법칙이 똑같아지기 위해 지불해야만 하는 대가다. 만약 관측자의 운동 상태에 따라 물리법칙이 변한다면 어떻게 될까? 아마도 그 '물리법칙'은 하나의 자연법칙으로 자리매김하기 어려울 것이다. 지구에 사는 우리는 대개 지면에 대해 정지한 좌표계를 생각하지만 드넓은 우주 공간에 내던져진 지구와 태양계를 생각한다면 정지해 있다든지 일정한 속도로 운동한다든지 하는 말이 아무런 의미가 없음을 알 수 있다. 즉 무엇에 대한 상대적인 운동만이 의미가 있다. 바꿔 말하면 등속으로 운동하는 모든 좌표계는 물리적으로 동등하다. 그런데 이 좌표계마다 적용되는 물리법칙이 달라질 수 있을까? 설령 누군가 그런 '법칙'을 발견했다고 하더라도 다른 많은 과학자들은 좌표계의 상대적인 운동에 관계없이 항상 변하지 않는 새로운 법칙을 찾으려고 노력할 것이다. 기본적으로 과학자들은 보편성을 추구하기 때문이다.

일반상대성이론에서도 마찬가지다. 특히 이 이론에서는 가속좌표계에서도 가속하지 않은 좌표계와 똑같은 물리법칙이 적용되기 위해 중력이 반드시 필요하게 된다. 관측자의 운동 상태와 무관한 보편 법칙을 추구한 결과 일반상대성이론은 중력의 존재를 요구하는 것이다(이는 곧 이어서 이야기할 필연성과 깊은 관계가 있다).

물론 모든 이론이 언제 어디서나 항상 적용되는 것은 아니다. 이론이나 법칙은 그것이 적용되는 제한조건들이 있게 마련이다. 그러나 같은 이론이라도 제한조건이 비교적 덜한 이론, 그래서 좀더 보편적인 이론이 더 나은 이론으로 평가받는 것은 어쩔 수가 없다.

3. 필연성 inevitability

필연성이란 한마디로 "꼭 그래야만 하는 이유니 원인이 있음"을 뜻한다. 나는 이 필연성의 발견이야말로 과학을 하는 가장 큰 보람이라고 생각한다. 과학이 '왜?'라는 질문에 답을 구해온 인간의 지적활동이라고 한다면 그 '왜?'에 대한 답변이 바로 필연성과 직결되기 때문이다. 경쟁하는 이론들이 있다면 과학자들은 응당 더 높은 수준의 필연성을 지닌 이론을 선택한다.

아인슈타인의 일반상대성이론이 뉴턴의 중력이론을 대체한 것도 이 필연성과 관계가 있다. 뉴턴의 만유인력은 수백 년 동안 천체와 지상의 물체를 성공적으로 설명해왔지만, 왜 중력이라는 힘이 있어야만 하는지를 밝혀내지는 못했다. 만유인력은 질량이 있는 두 물체 사이에 '그냥' 있다. 그것도 즉각적으로 존재한다.

'즉각적인 원격작용'으로 요약되는 뉴턴의 중력이론은 아인슈타인의 특수상대성이론이 나오면서 큰 타격을 받았다. 이 이론에 의하면 우선 빛보다 빠른 신호체계는 있을 수 없다. '즉각적'이라는 말이 상대성이론에서는 성립하지 않는다. 게다가 절대적인 의미에서의 동시성simultaneity 또한 성립할 수 없다. 관측자들의 상대적인 운동 상태에 따라 한 관측자가 동시적으로 목격한 현상이 다른 관측자에게는 시간차를 두고 발생하기도 한다.

아인슈타인의 중력이론인 일반상대성이론은 이런 문제를 해결했다. 일반상대론에서는 시공간의 요동이 중력을 매개*한다. 질량이 있는 물체가 공간에 던져지면 그에 따라 공간 자체가 출렁이기 시작하고 이 출렁임이 공간을 퍼져나가 다른 질량에 영향을 미친다. 공간 자체의 요동이 퍼져나가는 데에는 시간이 걸린다. 공간의 요동, 즉 중력자가 진행하는 속도는 빛의 속도와 같다(왜냐하면 중력자도 빛과 마찬가지로 질량이 없기 때문이다). 따라서 아인슈타인의 중력이론에는 즉각적인 원격작용이 없다. 질량이 있는 물체들이 서로를 느끼는 데에는 시간이 필요하다.

그런데 일반상대성이론에는 이보다 훨씬 더 중요한 뭔가가 있다. 그것은 바로 중력의 존재에 대한 필연성이다. 일반상대론에서는 중력이 '반드시 있어야만' 하는데, 그 이유는 이른바 등가원리 때문이다. 엘리베이터가 올라가기 시작하면 우리는 몸무게가 순간 무거워짐을 느낀다. 반대로 엘리베이터가 올라가다가 서서히 멈추거나 내

---

* 이것을 중력자graviton라고 한다.

려가기 시작하면 몸무게가 가벼워지는 듯하다. 물론 이는 관성력 때문으로 속도가 변할 때, 즉 가속도가 있을 때 생긴다. 버스가 갑자기 출발하거나 비행기가 이륙 질주할 때 우리 몸이 뒤로 확 젖혀지는 것도 관성력 때문이다. 차를 몰고 굽은 길을 돌아가면 우리 몸은 바깥쪽으로 쏠린다. 흔히 원운동은 속도가 변하지 않는 등속운동이라고 생각하는데, 실은 가속운동이다. 속도의 크기는 똑같지만 그 방향이 매순간 바뀌기 때문이다.

관성력은 일종의 가상적인 힘이다. 가속운동을 하는 사람이 느끼는 힘을 정지한 사람은 느끼지 못한다. 이는 관성력이 좌표계의 변환과 관련된 가상적인 힘이기 때문이다. 그렇다면 여기서 심각한 문제가 생긴다. 물리법칙이란 관찰자의 운동 상태에 따라서 변화가 없어야 할 텐데 정지한 사람과 그에 대해 가속하는 사람에게 작용하는 힘이 달라져 서로 다른 물리법칙이 적용되는 것 같다. 가속하는 좌표계에 있는 사람은—평생을 그 좌표계에서만 살아왔다면—자신이 어떤 외부의 또다른 좌표계에 대해 가속하고 있기보다 자기 뒤쪽에서 뭔가가 항상적으로 모든 것을 당기고 있다고 생각할 것이다. 가속하는 좌표계에서는 가속하는 모든 것이 정지해 있다. 그렇기에 그 좌표계의 모든 것을 어떤 방향으로 당기는 힘의 정체가 궁금할 것이다. 이는 마치 우리가 발아래 무거운 지구를 항상 딛고 있는 것과도 같다. 회전하는 좌표계에서 평생을 보낸 사람에게도 이 논리는 똑같이 적용된다. 즉 어떤 기준에 대해 가속하는 좌표계가 있을 때 그 좌표계를 중심으로 물리를 기술하게 되면 모든 것을 특정한 방향으로 당기는 어떤 힘을 상정하지 않을 수 없다. 그 힘이 바로 중력이다. 즉 좌표계를 바꿔가며 물리를 기술하더라도 물리법칙이 똑같아지려면 중력이 꼭 필요하다. 이것이 바로 등가원리다.

등가원리란 관성력과 중력을 구분할 수 없다는 원리다. 엘리베이터 안에 갇혀 있는 사람은 엘리베이터가 올라가기 시작하는지, 내 몸이 갑자기 무거워졌는지 알 도리가 없다. 가속하는 좌표계와, 가속은 하지 않고 그 반대편에 적절한 질량이 있는 좌표계는 물리적으로 동일하다. 일반상대론이 중력을 반드시 필요로 한다는 점, 즉 중력에 대한 필연성을 간직하고 있다는 점은 뉴턴의 중력이론과 비교했을 때 엄청난 장점이다. 이 때문에 과학자들은 일반상대성이론이 만유인력보다도 더 근본적인 이론이라고 생각할 수밖에 없다.*

필연성은 현대적인 입자물리학 이론에서도 찾아볼 수 있다. 일반상대성이론에서는 좌표 간의 변화에 따른 물리법칙의 불변이 중력의 존재를 요구했다면, 입자물리학에서는 이른바 게이지 대칭성gauge symmetry이 그 힘을 매개하는 게이지 입자들의 존재를 요구한다.

게이지 대칭성이란 우리가 물리 현상을 관측하는 틀을 바꿔도 물리법칙이 변하지 않는다는 대칭성이다. 쉬운 예로 파동을 생각해보자. 양자역학에서는 입자들을 모두 파동함수로 기술한다. 이제 그 파동 위로 적당한 기준점을 잡아보자. 이 점에서 오른쪽으로 파동을 따라

---

* 물론 만유인력의 법칙은 일반상대성이론의 한 극한적인 경우로 설명된다.

움직일 때 처음으로 만나는 마루를 생각해보자. 이 마루는 우리가 임의로 정한 기준점에서 봤을 때 오른쪽 1번 마루다. 이 '1번'을 물리에서는 '위상phase'이라고 한다.

그런데 이 마루가 1번인 것은 애초에 기준점을 그렇게 잡았기 때문이다. 만약 우리가 기준점을 처음 위치보다 왼쪽으로 한 마루의 길이만큼 옮겨 잡았더라면 1번 마루는 2번 마루가 되었을 것이다. 이처럼 위상은 우리가 기준점을 어떻게 잡느냐에 따라, 즉 계측gauge의 틀을 어떻게 잡느냐에 따라 임의로 변한다. 하지만 우리는 물리법칙은 이런 식으로 변하지 않을 거라 여긴다. 우리가 사물을 바라보는 틀에 따라 바뀌는 뭔가가 있다면 그것은 '법칙'으로서의 지위를 갖기 힘들기 때문이다. 이것이 게이지 대칭성이다. 또한 위상과 같이 틀에 따라 바뀌는 양은 물리적으로 큰 의미가 있는 물리량은 아닐 것이다. 예를 들어 북쪽을 향해 서 있을 때는 동쪽이 오른쪽으로 90도이지만, 우리가 서쪽을 향하고 있으면 동쪽으로 오른쪽으로 180도이다.

그렇다면 우리가 임의로 파동의 기준점을 바꿀 때마다 위상의 변화를 상쇄시켜주는 작용을 생각해볼 수 있다. 가장 손쉽게는 기준점을 옮기는 꼭 그만큼 파동 자체를 옮기는 것이다. 바로 이 역할을 수행하는 것이 게이지 입자들이다. 따라서 이 입자들은 파동의 게이지 대칭성을 유지하기 위해서 꼭 필요하다. 가장 대표적인 게이지 입자는 빛, 즉 광자이다.

빛. 왜 빛이 존재하는가에 대한 대답은 오래전부터 있었다. "하나님이 가라사대 빛이 있으라 하시매 빛이 있었고 그 빛이 하나님 보시기에 좋았더라."(창세기 1:3) 성경에 의하면 빛이 존재하는 이유가 하나님이 있으라 하셨기 때문이다. 과학자들은 빛이 존재하는 이유를 전자기학의 게이지 대칭성에서 찾고 있다. 그런데 게이지 대칭성이 있다면 반드시 게이지 입자들이 있어야만 한다. 이 필연성 때문에 과학자들은 게이지 대칭성을 물리학의 아주 아름답고도 중요한 요소로 간직해왔다. 양첸닝C.N. Yang과 밀스Mills는 1954년 게이지 대칭성을 현대적으로 확대했다. 확장된 게이지 이론에서는 광자 이외에 게이지 입자가 두 개 더 나온다. 이 입자들은 이후 W와 Z라는 이름을 얻었다. W와 Z는 광자의 사촌뻘 되는 셈이다.

그런데 게이지 대칭성이 있으면 모든 입자는 질량을 가질 수 없다. 이는 명백히 현실과 거리가 있다. 전자electron는 매우 가볍지만 그 질량은 0이 아니다. 새로운 게이지 입자 W와 Z도 게이지 대칭성 때문에 질량이 없다. 빛의 사촌인데 빛과 마찬가지로 질량이 없다? 그렇다면 이미 발견되었어야 한다.

그럼에도 게이지 이론이 완전히 폐기되지 않고 살아남은 이유는 대칭성이 주는 아름다움 때문이었다. 게이지 대칭성이 게이지 입자의 존재를 요구한다는 사실은 그냥 내다버리기에는 너무 아깝다. 이런 종류의 필연성은 과학자들이 과학이라는 작업을 하는 최고의 보람이다. 과학자들은 게이지 이론을 폐기하는 대신 게이지 대칭성을 유지하면서 이 대칭성을 깨는 방법을 찾았다. 게이지 대칭성이 자발적으로 깨지면서* 전자는 물론 W와 Z도 질량을 얻는다. 이것이 입자물리 표준모형의 기본적인 이론적 구조다.

앞서 말했듯이, 게이지 대칭성이 깨지면서 다른 모든 소립자가 질량을 가질 때 결정적인 역할을 수행하는 입자가 바로 힉스 입자다. 그러나 힉스 입자의 존재 자체는 불행히도 임의적이다. 힉스 입자가 꼭 있어야 할 절박한 이유가 이론 내적으로는 존재하지 않는다. (힉스 입자가 없으면 질량이 생기지 않는다는 것이 힉스의 존재를 이론적으로 강제하는 것은 아니다.) 말하자면 힉스 입자는 과학자들이 표준모형에 "손으로 집어넣은put by hand" 입자다.

힉스의 존재에 대한 필연성이 그다지 강력하지는 않지만 일관성을 말할 때 소개했듯이 W 입자의 산란과정이 물리적으로 의미가 있으려면 스칼라 입자(혹은 적어도 그 역할을 대신할 무엇)가 꼭 있어야만 한다. 이 때문에 과학자들은 힉스 없는 게이지 대칭성 깨짐을 연구할 때 항상 W입자들의 산란과정을 함께 고려한다.

LHC가 힉스 입자를 발견한다면 그 자체로 엄청난 것이겠지만, 발견 자체가 우리의 모든 궁금증을 해결해주진 않는다. 일본의 차세대 물리학자 가운데 가장 주목받는 한 명인 버클리 대의 히토시 무라야마 교수는 힉스 입자의 발견이 "'what'에 대한 답을 얻긴 하겠지만 'how'나 'why'에 대한 답은 아직 아니다"라고 말한다. 무엇이 게이지 대칭성을 깨는지는 밝혀지겠지만, 어떻게 왜 깨지는가는 여전히

---

* 2008년 노벨상 수상의 절반은 자발적 대칭성 깨짐에 관한 것이다.

의문으로 남는다는 말이다. 힉스 입자가 발견되고 또 앞으로 과학자들이 how와 why에 대한 답을 찾는다면 그 존재에 대한 필연성은 그만큼 더 커질 것이 분명하다.

4. 단순성simplicity

과학자들은 단순함을 좋아한다. 하나의 원리로 많은 것을 설명할 수 있으면 그만큼 좋다. 원리 자체도 복잡한 것보다 단순한 것을 좋아한다. 과학자들의 이러한 습성은 역사적으로 '오컴의 면도날 Ockham's razor'로 널리 알려져 있다.

오컴의 면도날은 오컴의 윌리엄William of Ockham, 1295~1349에서 유래했다. 그는 움베르토 에코의 『장미의 이름』의 주인공인 수도사 윌리엄의 실제 모델이기도 했다. 옥스퍼드에서 활동한 것으로 알려진 그는 중세 철학에서 비중 있는 인물이다. 동시대의 위대한 신학자였던 토머스 아퀴나스는 아리스토텔레스의 자연관을 신학과 결합시켰다. 오컴의 윌리엄은 당시에 지배적이었던 아퀴나스의 신학적인 우주관에 반대했다. 아리스토텔레스의 세계관에서는 진공이란 있을 수 없고 모든 공간은 물질로 가득 차 있다. 그래야만 물질과 물질 사이의 물리적인 접촉으로 물체의 운동이 가능하기 때문이다. 아퀴나스는 천체의 운동을 가능하게 하는 최초의 기동자로서 신을 지목했다. 이것이 신의 존재에 대한 아퀴나스의 다섯 가지 증명 가운데 첫번째이다. 반면 오컴의 윌리엄은 운동하는 물체와 기동자의 끊임없는 접촉을 불필요하다고 생각했다. 이는 일종의 뉴턴식 원격작용과 비슷한 면이 있다.

오컴의 면도날은 한마디로 경제성의 원리, 혹은 단순성의 원리다. "조금이면 족할 것을 가지고 많이 사용하는 것은 낭비다."*

면도날은 꼭 필요하지 않은 가정이나 원리들을 면도날로 자르듯이 베어내야 한다는 뜻을 가지고 있어 오컴의 면도날은 사고 절약의 원리로도 불린다. 경쟁하는 여러 이론이 있을 때 되도록 단순하고 간단한 원리를 선택하라는 지침이라고 할 수 있다. 대표적인 예로 코페르니쿠스의 지동설을 들 수 있다. 태양이 지구 주위를 도는 대신 지구가 태양 주위를 돈다는 주장은 코페르니쿠스 이후 갈릴레이에 이르러서도 다수의 지지를 받지는 못했다. 사실 천동설이 당시에 관측한 천체의 운동을 설명하지 못한 것은 아니었다. 그러나 그 대가는 만만치 않았다. 천동설로 천체의 운동을 설명하려면 주전원周轉圓, epicycle이라는 것을 도입해야만 했다. 주전원은 행성 주변의 가상적인 원으로 행성이 이 가상의 원 주위를 돈다는 것이 천동설의 주장이다. 가상의 원궤도를 도입하는 일도 거추장스럽지만 더욱 문제가 된 것은 더 많은 주전원이 계속적으로 필요했다는 점이다. 당시의 천문 관측 자료를 설명하기 위해서 톨레미의 경우 무려 80개의 원을 도입했다.

반면 코페르니쿠스는 지구가 태양 주변을 돈다고 가정함으로써 필요한 원의 숫자를 34개(이후 48개로 늘어남) 정도로 줄였다. 코페르니

---

* 스티븐 F. 메이슨, 『과학의 역사 I』.

쿠스에게도 꽤 많은 숫자의 원이 필요했던 이유는 그 역시 행성들이 완벽한 원 궤도를 돈다고 생각했기 때문이다. 이후 행성운동의 타원 궤도를 발견한 케플러에게는 단 7개의 타원만 필요했다. 매일 아침 동쪽에서 떠오르는 태양을 평생 봐온 중세 사람들이 자신의 경험을 잠깐 제쳐두고 오로지 물리 이론적인 면만 비교할 수 있었다면 아마도 많은 사람이 천동설보다는 지동설을 선택하지 않았을까 싶다.

5. 미세 조정의 부재 no fine-tuning

매우 엄밀하고 정교한 용어와 수식의 세계에 살고 있을 것 같은 과학자들이 아름다움이니 단순함이니 하는 말도 모자라서 이제는 자연스러움이라는 말까지 내뱉는 상황이 그리 익숙하지는 않을 게다. 그러나 의외로 과학자들은 오래전부터 자연스럽다natural는 말을 심심찮게 써왔다. 요즘도 논문의 한 자락에서 natural이라는 말을 찾기란 어렵지 않다. 특히 LHC가 본격적으로 가동되기 시작한 지금은 더욱 그렇다. 과학자들이 말하는 자연스러움이란 과연 무엇일까?

게이지 대칭성을 깨면서 소립자들에게 질량을 부여하는 힉스 입자를 다시 생각해보자. 힉스 입자가 연루된 양자역학적인 과정들은 힉스 입자의 질량에 영향을 준다. 그중에서도 가장 큰 영향을 끼치는 양자역학적인 보정은 으뜸 쿼크top quark에 의한 것이다. 하이젠베르크의 불확정성 원리가 허용하는 범위 안에서 힉스 입자는 순간적으로 으뜸 쿼크와 반反으뜸 쿼크를 내뱉고 이 두 쿼크가 다시 힉스 입자로 바뀌는 반응이 가능하다. 이 과정을 파인만 도형으로 표현하면 직선으로 진행하는 힉스 입자의 궤적 끝에 으뜸 쿼크의 원형 고리가 하나 붙어 있고 그 고리 반대편에 다시 힉스 입자가 나타나는 모양이 된다. 한마디로 힉스 입자가 진행하면서 순간적으로 으뜸 쿼크의 순환 고리를 하나 만드는 것이다.

으뜸 쿼크의 기여가 가장 큰 이유는 이 반응에 참가할 수 있는 소립자들 중에서 이것의 질량이 가장 크기 때문이다. 힉스 입자가 쿼크 같은 입자와 결합할 때 그 세기는 결합되는 입자들의 질량에 비례한다. 이는 힉스 입자의 매우 독특한 성질 가운데 하나다.

문제는 고리 모양의 반응에 있다. 으뜸 쿼크의 순환 고리 안으로는 어떤 양의 에너지가 흐르더라도 전체 반응이 일어날 수 있다. 이는 QED의 무한대 문제를 말했을 때와 똑같은 상황이다. 힉스라는 녀석이 처음에 100원을 가지고 있었다. 그러다가 순간적으로 옆에 있는 쿼크라는 친구에게 1억 원을 꾸었다가 되돌려주었다. 힉스는 여전히 원래의 100원을 가지고 있다. 이 과정에서 쿼크로부터 아무리 큰 액수의 돈을 빌려오더라도 곧 돌려주면 그만이다. 마치 재벌들의 계열사 순환출자구조와도 비슷하다.

이와 같은 반응을 겪고 나면 힉스 입자의 질량은 감소한다. 그런데 그 감소하는 정도가 엄청나다. 힉스처럼 방향성이 없는 스칼라 입자의 질량은 순환 고리 속을 순환하는 에너지의 제곱에 비례한다. 여기에 바로 악마가 숨어 있다. 순환 고리 속으로는 임의로 큰 에너지가 들락거릴 수 있다. 큰 에너지가 순환하는 고리는 힉스 입자의 질량에 그만큼 큰 기여를 하게 된다. 힉스 입자의 질량*은 양자역학적 보정 때문에 순환 고리를 순환하는 에너지의 제곱만큼 커진다. 따라서 순환하는 에너지가 커질수록 힉스 입자의 질량도 계속해서 커질 수밖에 없다. 순환 고리 속의 에너지는 임의로 커질 수 있으므로 힉스 입자의 양자역학적 보정은 무한대로 커지기만 할 뿐이다. 사람들은 이현상을 이차발산quadratic divergence이라고 부른다. 과학자들은 여러 간접적인 근거를 들어 실제 힉스 입자의 질량이 기껏해야 양성자 질량의 300배를 넘지 않는 것으로 예상하고 있다.

  무한대의 문제가 전혀 새로운 것은 아니다. 양자전기동역학에서도 과학자들은 이미 무한대의 문제에 부딪혔다. 힉스 입자 질량의 경우도 무한대를 없애는 방법은 의외로 간단하다. 원래 이론에 도입된 질량에 처음부터 큰 양이 포함돼 있어서 양자보정에 의한 양과 상쇄된다고 보면 된다. 그런데 양자보정이 이차로 발산하기 때문에 천문학적으로 큰 숫자를 더하고 빼서 매우 작은 양을 만드는 문제가 생긴다. 예를 들어 순환 고리 속의 에너지가 플랑크 에너지*라고 부르는 값까지 커질 수도 있다. 플랑크 에너지는 중력이 무척 강해지는 에너지 영역이다. 보통의 일상생활에서는 전자기력이나 강력 및 약력이 중력보다 훨씬 세다. 그러나 질량이 한곳에 집중되어 엄청나게 커지면 그만큼 중력도 커져서 나머지 세 가지 힘만큼 강해진다. 플랑크 질량

---

* 정확하게는 힉스 입자의 질량의 제곱.
* 질량-에너지 등가관계($E=mc^2$)에 의해 플랑크 에너지를 플랑크 질량이라고도 한다.

은 양성자 질량의 약 10^{18}배에 달한다. 만약 순환 고리 속의 에너지가 플랑크 질량까지 커지면, 이론적으로 허용되는 힉스 입자의 질량을 얻기 위해 우리는 이론에 도입된 원래 양과 양자보정 사이에 10^{32} 정도의 미세 조정을 해야만 한다.

이것이 어느 정도로 정밀한 미세 조정인지 실감하기란 쉽지 않다. 카이스트의 김영균 연구교수가 지적했듯이, 이는 두 사람에게 각자 서른두 자리의 숫자를 쓰게 한 후 그 두 숫자를 비교했을 때 한 자리도 틀리지 않고 똑같은 경우와 같다.

또다른 비유를 들자면 이렇다. 두 사람에게 1억 원을 나눠주고 마음껏 쓰게 한 뒤 1년 후 남은 액수를 비교하였다. 이때 두 사람의 잔액이 1원 단위까지 똑같으면 10^8 정도의 미세 조정이 일어난 셈이다. 10^{32}의 미세 조정이 있으려면 또다른 세 명에게 1억 원을 나눠주고 1년 뒤 다섯 명의 잔액을 모두 비교해서 1원 단위까지 모두 똑같아야만 한다.

과연 이런 일이 일어날 수 있을까? 입자물리학의 표준모형에서는 이런 일이 힉스 입자 질량에 관한 한 일어나고 있다고 주장한다. 그러나 앞의 비유에서 보았듯이 이 정도의 미세 조정은 매우 있을 법하지 않다. 그런 의미에서 힉스 입자 질량의 미세 조정은 무척 '부자연스럽다unnatural!'

힉스 질량의 이차발산과 관련된 제반 문제는 여러 측면과 양상에 따라 (게이지) 위계 문제, 미세 조정 문제, 혹은 자연스러움의 문제 등등으로 불린다. 이 문제는 오랜 세월 표준모형의 가장 큰 난점 중 하나로 꼽혀왔고, 아직까지도 표준모형을 넘어서는 새로운 물리학을 탐색하는 가장 강력한 동기가 되고 있다. 초대칭성이나 부가차원 같은 이론들도 위계 문제를 그럴듯하게 해결하기 때문에 각광을 받기 시작했다.

현대 우주론에서는 위계 문제보다 더한 미세 조정이 오랜 세월 과학자들을 괴롭혀왔다. 바로 우주상수의 문제다. 우주상수의 경우는 문제가 훨씬 더 심각해서 10^{120} 정도의 미세 조정이 필요하다. 과학자들이 심리적으로 감내할 수 있는 자연스러움의 정도가 어디까지인가는 분명 논란이 있을 것이고 선명한 경계선을 긋기도 쉽지 않다. 그렇더라도 10^{32}이나 심지어 10^{120}의 미세 조정은 확실히 자연스러움과는 거리가 멀어 보인다.

불행하게도 단순성과 자연스러움은 대체로 상보적인 관계에 있다. 즉 단순한 이론일수록 끔찍한 미세 조정이 필요한 경우가 많은 반면, 이 미세 조정을 해결하려면 이론에 많은 복잡한 요소가 첨가된다. 예를 들면 10^{32}의 미세 조정이 필요한 표준모형에서는 우리가 임의로 정해줘야 하는 인수가 19개다. 초대칭성은 표준모형의 미세 조정 문제를 근사하게 해결했다. 그러나 초대칭성이 있는 최소한의 모형에서 우리는 무려 124개의 인수를 임의로 정해줘야 한다.

지금까지 얘기한 다섯 가지가 과학을 과학답게 만드는 요소의 자기 완결적인 집합체는 아닐 것이다. 게다가 적어도 아직까지는 이 모든 조건을 만족시키는 과학 이론을 우리는 가지고 있지 못하다. 그럼에도 불구하고 과학 이론의 특징적 요소들을 하나씩 고찰해보는 것이 전혀 무의미하지는 않다. 과학 자체를 돌아보는 데에도 도움이 될 뿐만 아니라 과학 이외의 영역으로 시각을 넓히는 데에도 큰 지침이 된다. 특히 나는 각종 콘텐츠 산업의 스토리 구조를 이 틀로써 바라보는 시도를 할 참이다.

미세 조정의 문제를 넘어선 한국 드라마
「태왕사신기」와 「주몽」의 차이점

2007년 방영되어 큰 인기를 모았던 MBC의 「주몽」과 「태왕사신기」를 먼저 살펴보자. 「주몽」은 압도적인 시청률을 기록하며 국민 드라마의 반열에 올랐다. 「태왕사신기」 또한 한류스타 배용준의 주연과 엄청난 제작비, 현란한 컴퓨터 그래픽으로 한국뿐만 아니라 일본에서도 일찌감치 큰 주목을 받았다. 기대와 관심이 컸던 만큼 두 드라마는 방송이 나가는 기간 내내 숱한 화제와 논쟁을 뿌렸다.

  2007년 개봉한 영화 「디 워」는 감독 심형래가 내놓은 일생일대 역작이다. 영화의 본고장 미국에서 제작해 2천 개 이상의 미국 스크린에서 개봉했다. 심감독의 이전 작품들─「영구와 공룡쭈쭈」「티라노의 발톱」「용가리」─과는 비교도 안 되는 그래픽이 사람들의 시선을 붙들었으나 그 내용을 두고는 핵폭풍과도 같은 논쟁이 일었다. 그 한 가운데는 대표적인 시사평론가인 진중권이 있었다.

「주몽」이나 「태왕사신기」 「디 워」를 좀 다른 각도에서 바라볼 수는 없을까? 가령 과학 이론의 다섯 가지 특성들을 이용해서 이들 드라마와 영화를 들여다볼 수 있다. 여기서 중요한 점은 '다른 각도'다. 과학 이론의 구성요소들을 이용한 접근법이 영상 제작물의 모든 것을 말해주지는 못할 것이다. 그러나 과학 이론과 스토리라인이라는, 첫눈에도 이질적인 두 영역 속에 공통의 메타 속성이 있다는 점은 통섭의 관점에서도 꽤나 흥미롭다.

판타지와 실사의 부조화

먼저 단도직입적인 질문부터 해보자. 「주몽」은 왜 그렇게 인기가 많았을까? 여러 이유가 있겠지만, 가장 큰 매력은 기본적으로 그것이 '승리의 역사'를 그리고 있기 때문이다. 이는 드라마가 시작될 무렵 세간에 논란이 되었던 중국의 동북공정과 맞물려 있다. KBS의 「불멸의 이순신」이 묘하게도 일본의 독도 도발과 맞아떨어지며 큰 인기몰이를 했던 상황과 비슷하다.

다음으로 많은 사람들이 지적했듯이 지금까지 거의 다루지 않았던 고구려의 건국이라는 배경, 소서노라는 새로운 캐릭터의 발굴이 주효했다. 여기에 제작진이 적극적으로 내세웠던 판타지 요소도 새로움을 갈구하는 시청자들의 감각에 어느 정도 부응했다. 특히 건국과정을 다루는 다른 대하사극에서 볼 수 없었던 비교적 화려한 색감도 눈에 띄었다. 연기자들의 혼이 담긴 연기 또한 나무랄 데 없었다.

하지만 아쉬운 점도 있다. 바로 판타지와 실사實事의 부조화다. 주몽, 즉 동명성왕은 우리에게 신화로 알려져 왔다. 제작진은 그 신화를 "신화보다 거대한 영웅"의 이야기로 들려준다고 했었다. 어느 누구라도 주몽에 대한 이야기를 한다면 이 신화적 요소를 피할 수 없을 것이다. 드라마 「주몽」에도 이 신화적 요소, 아니 판타지적 요소가 적극적으로 반영되어 있다. 현란한 액션, 「반지의 제왕」의 흑기사를 연상시키는 철기군, 컴퓨터 게임의 캐릭터 같은 인물들의 갑옷, 롤플레잉 게임과도 같은 주몽의 성장과정, 그 속의 획득 아이템 같은 고조선의 신물들, 화려한 색감, 신녀라는 존재, 그리고 막바지에 마우령 신녀에 내리꽂힌 천지신명의 번개에 이르기까지.

그런데 「주몽」에서는 이 모든 요소가 유기적으로 맞물리지 않고 따로따로 놀고 있다. 특히 주된 스토리라인과의 긴밀한 밀착에 실패함으로써 작품의 완성도를 떨어뜨리는 데에 결정적인 영향을 미쳤다. 비유컨대 양념과 고기가 따로 겉도는 아귀찜을 먹었을 때의 찝찝함 같은 것이다. 신화적 요소에서 가장 중요한 것은 '신성神聖', 혹은 절대자의 계시 따위다. 「주몽」에서는 삼족오, 신녀, 세 가지 신물 등 그 소재는 꽤나 많이 등장한다. 그러나 안타깝게도 그 신성이 줄거리의 핵심과 전혀 결부되지 못하고 있다. 잘 선택된 신성과 그를 중심으로 한 스토리는 다른 작품들에서도 흔히 볼 수 있는 구도다. 「다빈치 코드」나 「반지의 제왕」, SBS의 「서동요」 등이 그러하다. 신성까지는 아니더라도 『영원한 제국』에 나오는 선대왕의 금등지사나 영화 「한반도」의 옥새는 그에 필적할 만한 역할을 잘 수행하고 있다.

이런 작품들에서는 신성이 성배이든 절대반지든 금등지사이든 그 존재 이유가 너무나 명확하고도 분명하게 설정되어 있다. 거기에는 뭔가 그 작품 나름대로의 '필연성'이 부여되어 있는 셈이다.「주몽」에서는 그 신성에 대한 필연성이 거의 없다. 다물활이 왜 신물인지, 고조선의 갑옷과 청동거울은 또 왜 고구려 건국에 '필연적'인지(갑옷은 이해의 여지가 있다 하더라도) 전혀 알 길이 없다. 그저 잠시 등장하고 사라질 뿐이다. 그러다보니 이와 연결되어 있는 신녀의 존재 또한 무게감이 갈수록 떨어진다. 여미을 이후 소령과 벼리하는 하는 일이 거의 없고 비금선의 등장 또한 뜬금없기는 마찬가지다. 그런 까닭에 주몽이 새 나라를 건국해야 한다는 대업은 그와 가까운 몇몇 사람만이 되뇌는 동어반복에 그치고 말았다. 신명神命과 대업大業 사이의 필연성을 확보하는 데 실패한 것은 치명적인 약점 아닐까.

판타지적 요소와 사실적인 요소의 결합이 겉도는 것은 스토리라인에서만의 문제로 끝나지 않았다.「주몽」은 내용 전개상 액션이 가장 중요한 요소가 아닐 수 없다.「불멸의 이순신」이 역사 왜곡과 평면적인 인물 묘사로 욕을 먹었지만 한국 사극에 당당하게 위치를 점하는 이유는 바로 '해전 신' 때문이었다. 그것 하나만으로도「불멸의 이순신」은 한 획을 그었다고 할 수 있다.「주몽」의 작가 중 한 명인 정형수는「다모」를 통해 이른바 '퓨전 사극'이라는 새 장을 열었다. 다른 성공 요인도 있겠지만, 무협적인 와이어 액션이 어떻게 무리 없이 정통 사극에 접목될 수 있는가를「다모」는 잘 보여줬다.

「주몽」에도 그런 액션은 있다. 해모수의 공중 몸 비틀어 창끝 차 날리기라든지 주몽의 신들린 연속 활쏘기나 막판에 보여준 검술 등은 충분한 볼거리였다. 그러나 이런 소규모 판타지 액션이 어떻게 대규모 전투나 '전쟁'과 결합될 것인가 하는 점은 매우 어려운 문제다. 빈번한 납치, 기습당하는 군대가 일부러 모른 척하는 것 같은 매복, 스토리를 위한 자의적인 전투 중단 등은 드라마의 내적 일관성에 심각한 의문을 던져줬다. 이는 마치 영화 「매트릭스 3」에서 시온의 첨단 방어로봇에 기본적인 조종사 보호장치 하나 없는 황당함과도 같다.

특히나 「주몽」은 철기군, 강철검 등 군사적인 요소들이 중요 모티브로 등장하지만 그런 판타지적 요소가 실제 전투나 전쟁과 결합하는 과정은 기대 이하였다. 「주몽」을 봐온 시청자는 당연히 '판타스틱'한 전투 신을 기대하게 된다. 하지만 우리에게 돌아온 것은 2만 명분 군량미 대신 '식권' 2만 장을 싣고 가는 수레 석 대*였다.

내 생각엔 이런 문제들이 MBC 사극이 진정한 '대하사극'으로 나아가기 위한 성장통으로 여겨진다. MBC가 물론 「조선왕조 오백년」 등 그동안 나름대로 '한 사극'을 해왔지만 90년대 이후로는 한 국가의 흥망성쇠에 달하는 규모까지 소화하지는 못했다. (그전에 방송된 「신돈」은 좀 약하다.) KBS의 「용의 눈물」이나 「태조 왕건」과 비교해보라. 게다가 「주몽」의 작가들 또한 「허준」 「상도」 「다모」 등 디테일에

---

* 드라마 내용 중에 2만 대군이 움직이는 장면이 있는데, 2만 대군을 종군하는 수레는 고작 3대뿐이었다. 그래서 그 수레 석 대에 가득 실린 물건이 무엇일까 하는 궁금증이 인터넷에 일었다. 2만 대군의 군량미라고 하기엔 수레가 너무 부족하니 아마 2만 명분의 식권이었을 것이라는 우스개가 한동안 인터넷에 떠돌았다.

강한 작가라는 점도 한계로 작용한 것 같다. 섬세한 감정 표현과 꽉 짜인 구성은 인정할 만하지만 그것이 오히려 선이 굵은 큰 이야기 속에서 모든 것을 녹여내는 통합력을 가로막은 듯싶다. 연필로 정밀 묘사하는 화가가 집채만 한 병풍에 산수화 그리겠다고 나선 것 같은 느낌이랄까. 사실 이것은 조선시대를 이해하는 역사 감각으로 고구려라는 시공간을 바라보는 데서도 비롯되는 듯하다. 조선시대는 기본적으로 토론과 논쟁의 시대였다. 말의 교묘함과 권력 암투와 다양한 책략이 난무했던 시기다. 어떤 결정을 내리기 위해서는 수만 단어가 내뱉어져야 했다. 반면 고구려는 척박한 자연환경과 외부의 적들에 대응하기 위해 내부 결집력이 매우 강했던 나라다. 신속한 의사결정과 과감한 행동력은 고구려라는 '군사국가'를 움직이는 핵심 동력이었다는 것이 고구려를 연구하는 학자들의 기본 시각이다. 그런데 텔레비전 사극은 이런 활달한 장면들을 구체화하는 데 써야 할 상상력을 등장인물들의 미묘한 감정싸움이나 연애 감정을 묘사하는 데 소모해버렸다. 이것이 바로 첫 단추를 잘못 꿰었다는 비판을 듣는 이유 아닐까.

다시 「주몽」의 아쉬움을 들여다보면 결국 남는 문제는 탄탄한 스토리라인이라는 점을 새삼 느끼게 된다. 온갖 진기한 아이템들조차 하나의 이야기 속에서 유기적으로 제 역할을 찾지 못하면 금세 잊힐 뿐만 아니라 전체 스토리에 오히려 거슬린다.

그러나 이는 어쩌면 우리 사회 전체의 한계가 반영된 결과일지도 모른다. 수많은 고구려 전문가들이 존재해서 숱한 이야기를 찾아냈다면 드라마 「주몽」은 훨씬 더 탄탄한 스토리라인을 가질 수 있었을 것이다.

▸ '위계 문제' 혹은 '미세 조정의 문제'

「태왕사신기」 역시 여러 면에서 한국 드라마에 큰 획을 그었다. 한국 드라마 사상 최대 액수인 500억여 원의 제작비를 기록했다는 점만 봐도 그렇다. 소문난 잔치에 먹을 것 없다지만 「태왕사신기」만큼은 이 속담을 피해갔다. 수려한 화면구성과 현란한 컴퓨터 그래픽은 시청자들의 눈을 붙잡아두기에 충분했다. 그러나 한편으로 적지 않은 시청자들이 「태왕사신기」에 실망의 눈초리를 보낸 것도 사실이다. 나 또한 「태왕사신기」에 열광한다기보다는 뭔가 2퍼센트 부족한 게 아닌가 하는 생각을 떨쳐낼 수 없었다.

「주몽」에서와 마찬가지로 「태왕사신기」에서도 여전히 두 가지 문제가 눈에 띈다. 실사와 판타지의 부조화, 그리고 필연성의 부족. 여기에 불만스러운 요소가 한 가지 더 있다. 바로 미세 조정과 관련된 자연스러움이다.

「태왕사신기」의 판타지는 정말 현란하다. 신물을 지닌 캐릭터들의 능력은 초인적이다. 게다가 주인공 담덕은 이 모두를 뛰어넘는다. 그런데 그 모든 이야기는 광개토대왕의 실화를 바탕으로 만든 것이란다. 여기서 시청자들은 기본적으로 '위계 문제'라는 부담을 안게 된다. 아예 「슈퍼맨」이나 「반지의 제왕」처럼 주인공들이 평범한 사람들과는 '원래부터' 다르다는 게 처음부터 전제되어 있다면 그 나름대로 받아들일 만하다. 그런데 우리가 알고 있는 고구려 대제국의 '사실로서의 역사'가 이렇게 엄청난 초인들이 만들어낸 결과라고 한다면 쉽게, 그리고 자연스럽게 받아들여지기 어렵다. 초능력을 지닌 영웅들이 얽히고설켜 역사를 만들고 전설을 만들고 지금의 우리까지 이어진다면, 이 또한 하나의 어마어마한 미세 조정에 해당하는 셈이다.

사극에서 종종 볼 수 있는 이런 미세 조정은 표면적인 부자연스러움의 문제를 넘어선다. 우리나라에서 흥행에 성공하는 사극은 대체로 '승리의 역사'와 관련이 많다. 나라를 열거나 큰 전쟁에서 이긴 장군 출신의 이야기가 인기 있는 것은 그 때문이다. 수천 년에 걸쳐 지난한 외침과 식민지를 경험한 우리로서는 승리의 역사를 드라마를 통해 대리만족하게 된다. 광개토대왕 시대는 한민족 역사상 최대의 영토를 개척한 시대이므로 「태왕사신기」는 드라마 흥행의 최소 요건은 갖춘 셈이다.

그런데 이 승리의 역사를 만들기 위해 「태왕사신기」에서처럼 2천 년에 걸쳐 쥬신의 별을 기다려야 하고 네 개나 되는 신물을 얻어야만 하며 그 와중에 온갖 초인들까지 제압해야만 한다면, 누가 다시 새로운 승리의 역사를 기대할 수 있겠는가. 그렇게 복잡하고 어려운 미세 조정이 필수 요소라면 시청자들은 아마 그런 영광의 시대를 아예 기대하지 않을지도 모른다. 게다가 원래의 역사에 의심마저 품을지도 모른다.

'저렇게 초자연적인 요소들이 없으면 광개토대왕 시대를 설명할

수 없을지도 모르겠구나.'

　실사와 판타지 사이의 지나친 괴리감은 물리학에서와 마찬가지로 일종의 위계 문제, 미세 조정의 문제, 혹은 부자연스러움의 문제를 야기할 가능성이 높다.

　이와는 반대로 보통 사람들이 불굴의 의지와 노력으로 자신의 한계를 극복하고 새로운 경지에 올라서는 이야기(물론 그 과정이 황당무계하지 않아야 한다)는 위계 차이를 줄여나간다는 면에서 흡인력이 있다. 2008년 하반기 MBC의 「베토벤 바이러스」가 대표적인 예다. 시청자들은 초보 "똥덩어리"들이 우여곡절을 겪으며 어엿한 오케스트라로 커나가는 과정에 자신을 이입하고 응원한다. 또한 보통의 시청자들과 같은 평범한 극중 인물들을 훌륭한 단원으로 끌어올리는 천재적인 지휘자 '강마에'에 열광한다. 즉 강마에는 위계 문제를 해결하는, 말하자면 초대칭성 같은 존재이다.

　강마에는 결코 「태왕사신기」의 담덕처럼 전지전능하거나 범접하기 힘든 지휘자가 아니다(만약 그랬다면 새로운 위계 문제가 생긴다). 그의 직설적인 언행이나 성격은 오히려 누구나 한번쯤 내뱉고 싶거나 가슴에 품어봤음 직한, 나름대로 '보편적인' 인간의 단면을 역설적으로 드러낸다. 겉보기에 괴팍한 그의 말과 행동은 인간의 보편성과 맞닿아 있기 때문에 큰 거부감 없이 다가온다. 만약 강마에가 천재적인 지휘 실력에 마음씨까지 담덕을 닮아 바다같이 넓었다면 시청자들의 공감대는 크지 않았을 것이다.

　「태왕사신기」에서도 여전히 스토리라인의 필연성을 지적하지 않을 수 없다. (담덕이 왜 쥬신의 왕인지는 드라마 전체의 전제조건이라고 받아들인다고 하자.) 「태왕사신기」에서 모든 갈등과 문제를 해결하는 요소는 처음부터 모든 것을 알고 미루어 짐작하는 담덕의 전지전능함이다. 이런 설정은 '왜?' 혹은 '어떻게?'라는 질문 자체를 허용하지 않는다. 이 점은 「대장금」과 크게 비교된다. 「대장금」에서는 주인공 장금이 당면한 고난과 문제를 '어떻게' 해결하는지 그 과정이 상세하게 묘사된다. 장금의 이야기를 따라가다보면 '그럴 수밖에 없구나'하는 필연성을 알게 되는 반면, 담덕이 내뱉는 말과 행동은 그저 '신의 언행'으로밖에 느껴지지 않는다.

드라마의 중심적인 갈등구조도 마찬가지다. 「태왕사신기」에서는 담덕과 호개가 왜 권력 다툼을 벌이는지 그 이유가 부실하다. 물론 전혀 없는 것은 아니다. 담덕이 부왕을 독살하려 한 호개의 모친을 자살로 내몰았다는 것이 그 이유다. 그러나 개인적인 원한과 단순한 권력욕은 다소 저급한 요소들이다. 1천 년 가까이 대제국을 이어간 나라의 지배 집단이 그런 벌거숭이 복수심과 욕심으로만 움직여왔다 함은 사실 모독에 가깝다. 설령 대립하는 두 집단 사이에 복수심과 적개심, 권력욕이 있다 하더라도 오히려 왜 서로가 적개심을 가질 수밖에 없는지에 대한 '철학적인 이유'가 반드시 존재하게 마련이다.

이 점에 대해서는 「용의 눈물」이 훌륭한 교과서가 될 수 있다. 「용의 눈물」에도 복수심과 적개심과 권력욕은 불타오른다. 그러나 정도전과 이방원의 대립하는 감정들 뒤에는 새로 세울 나라의 건국이념에 대한 철학적인 차이가 존재한다. 바로 이 점 때문에 두 세력은 결코 화합할 수 없게 된다. 그 둘이 서로를 배제하지 않으면 자신이 배제될 수밖에 없는 필연적인 이유, 그것은 단순한 권력욕을 넘어선 권력의 속성에 대한 관점의 차이 때문이다.

즉 「태왕사신기」의 권력욕은 그저 호개와 담덕에게 던져진 것이라면, 「용의 눈물」은 그 권력욕의 실체가 무엇인지를 좀더 근본적인 수준에서 설명해내고 있다. 그렇기 때문에 「용의 눈물」에서 이방원과 정도전이 맞붙는 것은 가히 필연적이라 할 만하다. 「태왕사신기」에 빠진 것은 바로 이 필연성이다.

왕조 초부터 시작된 '왕권 강화'와 '신권에 의한 견제'라는 두 축은 어쩌면 조선왕조 5백 년을 통틀어 긴장관계를 형성해왔는지도 모른다. 이인화의 『영원한 제국』을 보면 정조를 둘러싼 대립이 이 두 축을 중심으로 매우 설득력 있게 그려지고 있다. 그 백미는 아마도 표암 강세황의 그림을 두고 노론의 심환지와 남인의 권철신이 벌이는 논쟁과 같지 않을까 싶다. 그림 하나를 놓고도 대립할 수밖에 없는 사상과 철학이 있기 때문에 임금의 목숨까지 판돈으로 내건 사생결단의 도박을 벌이는 것도 별 무리 없이 이해가 된다. 책을 읽는 사람들은 정조 독살이 어떤 우발적인 사고이거나 얄팍한 복수심, 혹은 권력욕의 결과가 아니라 당파싸움의 '필연적인' 결과라고 수긍하게 된다.

마침 정조를 다룬 드라마도 근래에 TV에서 연이어 방송되었다. 그러나 큰 인기를 끌었던 「이산」만 하더라도 이런 '필연성'은 보이지 않는다. 원래 정조와 노론은 철천지원수처럼 싸울 뿐이다.

드라마 하나 만들면서 첨단 과학 이론처럼 모든 단계에 매우 엄밀

할 필요는 없을 것이다. 그러나 적어도 스토리라인의 큰 줄기만큼은 왜 그럴 수밖에 없는지, 그렇지 않으면 안 되는 이유는 무엇인지에 대한 답을 가지고 있어야 한다. 그래야만 전체 이야기에서 임의의 요소들을 줄일 수 있고, 각각의 요소가 큰 줄거리 밑에서 새로운 의미를 가지며 유기적인 연관을 맺을 수 있다.

스토리 일관성 없는 「디 워」

이 필연성의 문제가 가장 폭발적으로 드러난 작품이 바로 「디 워」가 아닐까 싶다. 국내에서 개봉한 후 이에 대한 평가는 극명하게 갈렸다. 한편에서는 세계적인 수준에 오른 컴퓨터 그래픽과 감독의 끈질긴 도전정신을 높이 샀다. 다른 한편에서는 스토리라인의 후진성과 작품의 낮은 완성도를 문제 삼아 맹공을 퍼부었다. 인터넷 주요 포털 등 온라인에서 불붙기 시작한 「디 워」 논쟁은 오프라인으로도 급속히 번졌으며 인기 토론 프로그램인 MBC의 「100분토론」*에서도 이것을 주제로 다룰 정도로 논란이 뜨거웠다.

「디 워」 비판의 선봉에는 진중권이 있었다. 그는 토론 프로그램 출연과 일간지 기고* 등을 통해 특유의 날카로움과 직설화법으로 「디 워」를 몰아붙였다. 진중권이 「디 워」를 비판한 핵심은 '데우스 엑스

---

* 2007년 8월 9일 방송.
* 진중권, 「CG가 삼켜버린 플롯…영화미학 밟히다」, 8월 13일자 한국일보

마키나deus ex machina'라는 말에 잘 집약돼 있다. 발음조차 어려운 이 생소한 단어의 뜻을 인터넷에서 찾아보니 다음과 같았다.

데우스 엑스 마키나
고대 그리스극에서 자주 사용하던 극작술劇作術.
초자연적인 힘을 이용하여 극의 긴박한 국면을 타개하고 이를 결말로 이끌어가는 수법이다. 라틴어로 '기계에 의한 신神' 또는 '기계장치의 신'을 의미하며, 무대 측면에 설치한 일종의 기중기起重機 또는 그 변형으로 보이는 시올로가이온theologeion:theologium을 움직여서 여기에 탄 신이 나타나도록 연출한다 하여 이러한 이름이 붙었다. 이 수법을 가장 많이 사용한 사람이 에우리피데스이다. 그의 걸작 희곡 「메디아」에 대해 아리스토텔레스는 자신의 저서 『시학詩學』에서 "이야기의 결말은 어디까지나 이야기 그 자체 안에서 이루어지도록 해야 하며, 기계장치와 같은 수단에 의지해서는 안 된다"라고 비판하였다.*

한마디로 말하자면 이야기에 필연성이 결여된 채 전지적인 힘이나 우연적인 요소가 스토리를 지배한다는 말이다. 데우스 엑스 마키나는 필연성의 대척점인 셈이다. 진중권은 영화 막판에 느닷없이 선한

* 네이버 백과사전.

이무기가 등장해서 부라퀴를 제압하여 갈등을 최종적으로 해소한 것을 대표적인 데우스 엑스 마키나로 꼽았다.

「디 워」는 극의 결말에 '데우스 엑스 마키나'를 도입한다. 그 많던 부라퀴 대군단이 갑자기 발동된 목걸이의 힘으로 일거에 날아가고, 악한 이무기는 갑자기 하늘에서 떨어진 선한 이무기의 손으로 처리된다. 위기의 해결은 주인공들이 극중에서 한 행위의 결과가 아니라, 하늘에서 내려오는 신의 역사를 통해 이루어진다.

여자를 구하는 것도 대부분 동료 기자, 거리의 경관, FBI 요원, 그리고 스승인 보천의 일이다. 남자는 자기가 보호할 여자를 만나고서도 어디로 가서 무엇을 해야 할지를 끝까지 모른다. 보천이 나타나 그에게 위기 해결의 방법을 가르쳐주나, 이든은 그의 말을 듣지 않고 대책 없이 도망만 다닌다.

운명을 극복할 것이라면 방법을 찾아야 한다. 하지만 거기에 대해서도 이들은 아무 생각이 없다. 목표 자체가 사라지니 극 속에서 주인공들의 행위가 방향을 잃는다. 그리하여 위기의 해결을 위해 그들이 한 일이라곤 목적 없이 이리저리 도망 다니다가 부라퀴 군단에게 잡히는 것뿐이다.

아리스토텔레스의 말대로 하나의 행위에 이어서 다음 행위가 일어나는 것과, 하나의 행위의 결과로 다음 행위가 일어나는 것은 다르다. 행위와 행위가 인과의 사슬로 엮여서 결말로 이어져야 하나, 극 속에서 두 남녀의 행위는 결말과 인과적으로 연결되지 않는다. 극작의 기초를 무시한 어처구니없는 패착이다."*

물론 이에 대한 반론도 거셌다. 진중권에 대한 반론의 핵심은 「디 워」에 대한 비판이 지나치게 가혹하다는 것이다. 「디 워」 옹호론자들은 데우스 엑스 마키나만 하더라도 할리우드 블록버스터 영화 중에 과연 '데우스 엑스 마키나' 스럽지 않은 것이 얼마나 되느냐고 반문한다. (「슈퍼맨 리턴즈」만 하더라도 망망대해에서 물에 빠진 슈퍼맨을 경비행기가 찾아낸 것은 한마디로 기적이다.) 한발 더 나가서 아리스토텔레스 시절의 금과옥조가 21세기의 다양한 콘텐츠에 곧이곧대로 적용될 수는 없다고 주장했다.

「디 워」를 둘러싼 양측의 첨예한 대립에도 불구하고 둘 다 동의하는 사실이 하나 있다. 바로 스토리가 만족스럽지는 못하다는 점이다. (실제 진행된 논란은 이것이 작품 전체의 결정적인 요소인가 아니면 어느 정도 참아줄 만한 요소인가 하는 점이 핵심이었다.) 한국 창작물의 고질적인 문제는 역시 부실한 스토리라인이고 그중에서도 필연성과 내적 일관성이 가장 아쉬운 요소이다. 「디 워」도 예외는 아니다. 특히 스토리만 놓고 봤을 때 하나의 상황과 이어지는 상황 사이에 깊은 연관관계를 찾기가 무척 어렵다. 이는 마치 한 폭의 큰 풍경화를 보는데, 국소적으로 매우 제한된 영역별로는 그런 대로 볼만했던 그림이 전체

---

* 진중권, 앞의 기사.

적으로 시야를 넓혔을 때 어딘가 어긋나 있고 조화가 무너진 것과도 같다. 전체적인 일관성이 없는 경우도 있고 왜 꼭 그런 장면이 나와야 하는지 필연성이 부족한 부분도 많다.

몇 가지 예를 들어보자. 미국의 군대는 괴수를 찾아 나서자마자 모처의 동굴을 곧바로 찾아낸다. 어떻게 그게 가능했을까? 영화는 아무런 단서도 주지 않는다. 최소한의 추리나 단서만 있더라도 이야기는 훨씬 더 그럴듯했을 것이다. 이어지는 장면에서도 문제는 계속된다. 동굴에서 나온 부라퀴는 LA 도심에서 세라(여의주를 품은 여인)를 발견하고 이미 열심히 뒤쫓고 있는데 그의 졸개들은 아직도 산속의 동굴 앞에 모여서 결의만 다지고 있다. 이 상황은 부라퀴가 고층 건물을 휘감고 올라갔다가 헬기의 공격을 받고 땅에 떨어질 때까지 계속된다. 이는 수백 년 전 조선의 어느 마을에서와는 전혀 다르다. 미 국방부가 이들 사이의 의사소통을 가로막은 것일까? 영화에는 답이 없다.

상식이 있는 사람이라면 부라퀴와 그 수하들 사이에 모종의 커뮤니케이션이 원활할 것이라고 믿는다. 상식은 보편성과 관계가 있다. 기본적인 상식이 충족되지 않으면 사람들은 불편함을 느낀다. 상식을 깰 때에는 꼭 그래야만 하는 이유를 충분히 설명해줘야 한다.

LA 도심을 막고 탱크까지 동원해 촬영했다는 도심 전투 장면을 한번 들여다보자. 나 또한 도심에서의 공방전은 무척 인상적이었다. 솔직히 한국 영화가 여기까지 왔구나 하는 생각에 뿌듯한 마음도 감출 수 없었다. 그러나 전투기 한 대 없이 공중전에 취약할 수밖에 없는 헬기만 동원한 점은 아쉬움으로 남는다. 게다가 수백 년 전 조선의 마을 하나를 공격했던 그 엄청난 괴수부대에 비하면 세계 최대 도시를 습격하는 괴수부대는 무척 왜소해 보인다. 진중권은 「디 워」를 비판하며 조그만 마을 하나 공격하는 데 그렇게 많은 군대를 보낼 필요가 있을까라고 주장하지만 이는 핵심을 놓친 평이다.* 정말로 중요한 점은 조선 마을과 LA 사이의 어떤 연결성, 말하자면 영화의 내적 일관성을 확보하지 못했다는 사실이다. 이 장면이 영화의 클라이맥스에 해당하는 만큼 오히려 엄청난 물량을 여기에 집중시켰어야 하지 않을까?

등장인물의 역할에도 의문이 많다. 환생한 보천대사는 왜 이든과 세라를 도울 때 항상 다른 사람의 모습으로 변해야만 하는 걸까? 또, 이든은 여의주를 지키기 위해 하늘에서 내린 보디가드의 환생이라는데 영화 내내 보디가드로서 무슨 일을 했는지 기억에 남는 것이 별로 없다. 아마 이든이 환생이나 하늘이 내린 보디가드 등등과 전혀 상관없는, 그저 평범한 기자였다면 차라리 더 좋았을 거라는 생각이 들 정도다.

「디 워」 논쟁은 부실한 스토리에서 시작되어 애국심 마케팅 논란, 충무로의 주류-비주류 대립, 심형래 감독의 개인사, 감정적 비평 행태로까지 확대되었다. 적지 않은 기간 동안 많은 사람들이 논쟁에 참

---

* 압도적인 물량과 준비 태세로 적을 제압하라는 손자의 가르침을 오히려 충실히 따랐다고 볼 수도 있을 것이다. 문제는 LA를 습격하는 부리퀴의 군대가 조선의 마을을 습격하던 군대와 비교했을 때 충분히 압도적이지 않았다는 데 있다.

가했고 영화의 흥행에도 직간접적인 영향을 미쳤다. 그러나 논쟁이 전반적으로 얼마나 생산적이었나 자문해보면 긍정의 답이 나오기는 어려워 보인다.

가장 과학적(?)인 김수현의 드라마

눈부신 그래픽이나 환상적인 캐릭터, 신화적인 설정 없이도 사람들의 마음을 움직이는 작품은 얼마든지 있다. 드라마계의 신적 존재라고 추앙받는 김수현의 작품들이 그러하다. 「사랑과 야망」이나 「청춘의 덫」은 이미 고전이 되었고 최근에 방송한 「내 남자의 여자」는 "더이상의 불륜은 없다"는 찬사를 받았다. 2008년 방송된 「엄마가 뿔났다」는 "뿔났다"는 말을 유행시키며 가출 엄마 신드롬을 낳기도 했다.

김수현의 작품들은 왜 하나같이 인기가 높을까? 여러 이유가 있겠지만 나는 김수현이 인간 본성을 통찰하는 데에 탁월한 능력을 발휘하기 때문이라고 생각한다. 그는 인간의 보편적인 속성을 정확하게 꿰뚫어보고 있다. 인간이라면 누구나 가지는 감정과 느낌뿐만 아니라 그것들의 미묘한 엇갈림과 뒤틀림까지 포착해낸다. 그의 탁월함은 엉킨 실타래 같은 인간의 복잡하고도 섬세한 내면을 평범한 일상 언어로 엮어내는 데 있다. 흔히 말하는 '대사빨'에 관한 한 김수현을 능가하는 이를 찾기 어렵다.

게다가 그의 드라마에서는 장면과 장면의 연결에 전혀 무리가 없다. 「내 남자의 여자」에서 여자들의 살벌한 격투기는 상당히 자극적이면서도 전혀 어색하지가 않다. 그녀들에게는 충분히 그럴 만한 이유가 있었다. 반대로「엄마가 뿔났다」는 오히려 이따금씩 너무 밋밋하다는 느낌이 들 정도다. 이는 드라마 구성이 그렇다기보다 현실의 밋밋함을 드라마가 너무나 잘 묘사했기 때문이다.

김수현의 작품을 보면 모든 것이 물 흐르듯 하다. 무리가 없다. 이는 마치「와호장룡」의 주윤발이 유연하게 대나무를 타는 것과 흡사하다. (개인적으로 절대 경지, 혹은 진정한 고수의 경지란 무엇인가를 이처럼 잘 표현한 장면도 드물지 않을까 싶다.) 공력이 높은 고수는 모든 것이 부드럽고 자연스럽다. 무리하는 경우도 별로 없다. 시청자들이 자신도 모르게 김수현에게 빠져드는 이유도 그 때문이다.

반면에 하수들은 무리수를 많이 둔다. 그것은 곧 자충수다. 일관성도 없고 필연성도 없고 억지와 급작스런 반전과 황당한 설정과 쓸데없는 복잡함만 난무한다. 이 모두가 인간에 대한 이해와 통찰이 부족하기 때문이다. 보편성을 볼 줄 아는 안목은 그래서 중요하다.

한국 영화, 제작비 100억 원에 과학 자문료는?
고전역학이 부족했던 「신기전」

2007년 봄께의 일이다. 제작비가 100억 원 이상 들어간다는 어느 영화 제작팀 관계자를 만날 일이 있었다. 그분은 동료 연구원을 한두 다리 건너서 알게 되었는데 제작 중인 영화에 대한 조언을 구하는 자리에 동료 연구원이 나를 부른 것이다. 스티븐 스필버그가 요즘 잘나가는 물리학자인 리사 랜덜과 만났다는 나의 글이 인터넷 신문에 나간 뒤, 우리나라에서도 그런 일이 있을까 하며 둘이서 농담 반 진담 반으로 얘기하던 차에 '실제 상황'이 벌어진 셈이다.

그런데 우리와 마주앉은 그 관계자는 무척 다급해 보였다. 그쪽에서 지금까지 준비하고 공부했던 방대한 자료들을 보여주며 한참 설명을 하더니 결론은 그와 관련된 공식 하나 만들어줄 수 없겠냐는 것이었다. 한두 시간에 걸쳐 그 영화적 상황을 함께 논의해보니 그분이 원하는 결과를 만족스럽게 얻기 위해서는 두 가지 요소에 대한 과학적 설명이 뒷받침되어야 한다는 결론에 이르렀다. 그리고 그 설명을 재구성하기 위해서는 적어도 2주의 시간이 필요하다고 추정했다.

2주라는 시간에도 난색을 표하던 그분은 '인건비'라는 말에는 아예 얼굴이 굳어버렸다. 제작팀 내에서도 중요한 결정을 내리는 위치에 있지는 않던 분이라 이쪽저쪽의 요구 사항을 맞추느라 지금까지도 상당히 곤혹스러웠던 모양이다. 돈 얘기가 나오자 지금 한국 영화 상황이 얼마나 어려운지 작심한 듯 고충을 토로하기 시작했다. 제작비 100억 원 들어가는 영화를 직접 만들면서도 손에 돈 몇 푼 못 쥐는, 말로만 듣던 '영화 스텝'이 내 눈앞에 앉아 있는 것이었다. 임권택 감독이 영화 찍어도 돈줄이 없다는 얘기를 영화인에게서 직접 듣자니 그 위기감이 내게도 피부에 와닿았다. 스크린쿼터라는 안전장치도 해제된 마당에 거장의 100번째 영화 「천년학」이 흥행 참패하리라는 것은 당시 그분에게는 예상이 아니라 이미 현실이었다.

우리의 대화는 인건비를 기점으로 전혀 다른 방향으로 흘러갔다. 아마 그분으로서도 황당하기는 마찬가지였으리라. 잠깐 얘기하면 고등과학원의 '뛰어난' 연구원들이 즉각 공식 하나 쓱쓱 써주리라 예상하고 왔더니 2주가 웬 말이며 인건비는 또 뭐란 말인가. 연구직을 명예로 먹고사는 분들에게 자문료란 엔딩 크레디트 정도면 족하리라 여겼을 법도 하다. 그러다보니 "모 기관으로부터는 자문료로 시간당 30만원 받는다"는 말은 꺼내지도 못했다.

돈 욕심이 전혀 없다면 거짓말이겠지만, 한국 최고의 기초과학 연구기관이라는 이곳에서 세금 떼고 딱 200만 원 받는 우리에게는 분명

돈보다 중요한 뭔가가 있다. 물론 몇 해 전에 증권가로 진출한 한 동료는 지금 나보다 다섯 배 가까이 벌고 있다. 그렇지만 우리가 참으로 이해할 수 없었던 점은 무려 100억 원이라는 거액을 들여 찍는 영화에서 과학에 대한 자문료가 전혀 책정되지 않았다는 것이다. 문득 나는 오디오 애호가들이 스피커 케이블로 100만 원이 훨씬 넘는 제품을 쓴다는 일화가 떠올랐다. 전체 시스템이 그 정도 액수밖에 안 되는 나 같은 처지에서 보자면 그런 호사가 어디 있을까 싶지만, 진정한 애호가들의 항변에도 일리는 있었다.

"그럼 천만 원짜리 스피커에 만 원짜리 케이블 쓸까?"

100억짜리 영화 찍으면서 조언자들 밥값 하나 책정하지 않았다는 말에 나는 천만 원짜리 스피커를 사두고 동네 전파상 가서 '쓰다 만 막선 좀 얻을 수 없을까요' 라며 기웃거리는 '마니아'를 떠올렸다.

그런데 인건비 문제만큼이나 (어쩌면 그보다 더) 우리를 당혹스럽게 했던 점은 "그냥 공식 하나 써줄 것"이라는 그분의 예상이었다. 사실 우리로서는 이것이 돈 문제보다 훨씬 더 두터운 벽으로 느껴졌다. 아마도 과학에 대한 보통 사람들의 심상도 이와 크게 다르지 않을 것이다.

'인식' 없는 '수식' 으로서만 존재하는 과학

그 심상은 언뜻 보기에 모순된 면들을 지니고 있다. 우리 눈에 비친 과학은 한편으로는 지난 세기 성공적인 서양 제국이 지닌 힘의 원천이었으며, 문명과 근대화의 원동력이고 불가능을 가능으로 만드는 일종의 도깨비방망이다. 다른 한편으로 그렇게 중요하고 경외할 만한 과학이 어이없게도 우리 사회에서는 천덕꾸러기 취급을 받고 있다. 아쉬울 때면 급하게 찾는 도깨비방망이지만 그 순간만 지나가면 돈 못 버는 무능아가 아닌가.

나는 이 이중적이고 왜곡된 심상의 근원이 아직 과학이 온전히 체화되지 않은 우리 사회의 미성숙에 있다고 생각한다. 과학이란 무슨 공식이나 단편적인 지식들의 총합만을 말하는 도구가 아니다. 과학에서 가장 중요한 요소는 '과학적인 사고방식'이다. 근대화와 계몽의 시대를 겪지 못한 탓에 우리는 이 과학적이고 이성적인 사고를 일상생활 속에서 적용하고 체화하는 기회를 갖지 못했다. 그래서 아직도 목소리 큰 사람이 어디서나 이기게 되어 있다.

근대화 과정에서 과학의 발전과 두 차례의 과학혁명은 서양인들의 인식에 크나큰 영향을 미쳤다. 우리에게 과학은 그저 복잡한 수식이나 법칙들로서만 존재한다. 안타깝게도 이는 전문 과학자 집단에서도 쉽게 찾을 수 있다. 그렇기에 우리나라 사람들은 공식을 다루거나 문제를 푸는 것은 어느 정도 따라가도 말과 스토리로써 과학적 상황을 설명하고 새로운 규칙과 체계를 구축하는 데에는 큰 어려움을 느끼는 듯하다. 바로 이 점 때문에 나는 과학의 발전을 위해서도 인문학의 발전이 중요하고 또 인문학이 도약하기 위해서도 과학과의 끊임없는 소통이 필요하다고 본다.

언제부터인가 우리는 중고등학교 때부터 문과/이과의 엄격한 구분을 당연하게 받아들여왔지만, 이렇게 두 문화가 단절된 나라는 유래를 찾기가 어렵다. 과학자들에게도 가장 중요한 과학자로서의 기본 소양은 말하기와 듣기와 쓰기다. 인문학을 하는 사람들도 가장 성공적인 학문으로서 과학의 방법론이 어떠한지 그 엄청난 성과들이 무엇을 의미하는지 쫓아가야 한다.

비전공자들이 전문적인 과학적 '지식'을 따라갈 수는 없는 노릇이다. 그러나 과학적인 '사고'는 할 수 있다. 우리 사회는 이 지식만을 강조한 나머지 '합리적인 사고방식으로서의 과학'은 가르치지 않고 있다. 적어도 방법론만을 놓고 봤을 때 과학자였던 황우석보다 비과학자였던 「PD 수첩」이 훨씬 더 과학적이었음을, 그런 희한한 상황도 얼마든지 가능할 수 있음을 대다수 국민들이 알지 못했던 것도 바로 이 때문이다.

숫자와 기호로만 과학을 이해시킨 덕분에 많은 사람들은 그놈의 '공식'에 일종의 경외감을 지님과 동시에 전지적인 힘 또한 기대하고 있다. 이 자체가 얼마나 비과학적인가는 논외로 하더라도, 공식이라는 것은 지난한 과학적 논의의 최종 결과물에 불과하다는 점은 강조해두고 싶다. 공식 자체는 말 그대로 기호에 불과하다.

아마도 우리 사회의 과학 교육이 제대로 되었다면, 그 영화 관계자는 공식을 묻기보다 물리적 지식과 스토리를 물었을 것이고, 그것을 우리가 다시 재구성하는 데에 '시간'이 걸린다는 점을, 그리고 그것을 영화 만드는 분들이 이해하는 데에도 '시간'이 걸린다는 점을 충분히 이해했을 것이다.

「니모를 찾아서」의 예처럼 할리우드에서는 과학자들이 영화 제작자들에게 강의하는 것이 낯선 풍경이 아니다. 그 자체가 영화를 만드는 하나의 과정인 셈이다. 작은 차이가 명품을 만든다고 하지 않던가. 이래저래 한국 영화가 처한 상황이 어렵다는데, 스크린쿼터 같은 것은 그 문제대로 대응하더라도 작품의 완성도를 높이는 노력 또한 다각도로 경주되어야 할 것이다. 싸구려 코믹 영화로만 언제까지 갈 수는 없는 노릇이다.

떠나는 그분에게 나중에라도 더 뛰어난 분들 모셔다가 영화 내용과 관련된 물리의 기본 강의를 듣는 것이 결국에는 큰 도움이 될 것이라고 조언해주었다. 바쁜 촬영 일정에 그 조언이 받아들여졌을까, 아니 100억짜리 영화 찍으면서 강의료가 없다고 그런 기회가 무산되지나 않았을까 하는 괜한 걱정이 영화 개봉 때까지 계속됐었다.

▪ '과학적' 이지 않고 '무협적' 이었던 「신기전」

그 영화의 제목은 「신기전」이었다.

2008년 설날을 겨냥해 개봉할 계획이라던 「신기전」은 추석이 되어서야 관객들에게 선보였다. 한국 영화가 전반적으로 침체된 상황이었지만 이 영화만큼은 시사회부터 폭발적인 관심을 불러일으키며 관객 몰이를 시작해, 500만에 육박하는 관중을 동원했다. 조선 세종 때의 비밀 신병기인 신기전이 세계 최초의 로켓포였다는 점이 관객들의 호기심을 자아내기에 충분했다.

영화 「신기전」과의 남다른(?) 인연 때문에라도 나는 이 영화를 보지 않을 수 없었다. 솔직하게 말하자면, '자문 하나 제대로 받지 않고 만든 영화가 잘나가면 얼마나 잘나가겠어?' 하는 마음도 전혀 없지는 않았다. 하지만 내가 영화관으로 향했을 때는 벌써 400만이 훌쩍 넘는 사람들이「신기전」을 봤기 때문에 극장 안으로 들어갈 즈음 나는 이미 기세가 완전히 꺾인 상태였다.

내가 영화를 보면서 주안점을 둔 것은 물론 자문을 요청했던 부분을 어떻게 처리했을까 하는 점이었다. 그 핵심 내용은 신기전의 발화통 크기에 따른 분사 구멍의 상대적인 크기를 어떻게 정할 것인가 하는 문제였다. 우리를 찾아왔던 그 관계자는 분사 구멍의 크기를 얻는 공식을 원했다. 그 당시 전해 들은 바로는 이 공식이 영화에서 나름대로 중요한 역할을 한다고 했다. 주인공인 홍리가 실패에 실패를 거듭하다가 어찌어찌해 알맞은 크기의 분사 구멍을 얻게 되는 과정을 잘 묘사하고 싶다고 했다. 그 '어찌어찌'의 내용을 과학적으로 재구성해서 채워넣는 것이 우리의 임무였다.

지구 표면상에서의 투사체 운동을 제대로 기술하기 시작한 것은 갈릴레이에 이르러서였다. 근대과학의 출발도 그때부터다. 갈릴레이가 자신의 주요 연구 성과를 냈던 파도바 대학에 부임한 것은 1592년의 일이다. 조선에서는 임진왜란이 일어났던 해이기도 하다. 그러니까 신기전을 발명한 세종 때는 갈릴레이보다도 100여 년이나 앞선 셈이다. 중력이라는 개념이 나오려면 1600년대 후반 뉴턴까지 기다려야 한다.

홍리가 세종 때 세계 최초의 로켓포를 성공적으로 만들었다면 결과적으로 투사체와 로켓의 운동*에 대한 뭔가 과학적인 근거를 어떻게

고전역학 지식의 부족으로 과학적이기보다는 무협영화가 돼버린 신기전.

든 획득했다는 얘기가 된다. 그것이 경험적인 시행착오의 결과이든 나름대로의 논리적인 추론의 결과이든, 어떤 형태로든 고전역학의 원리와 맞닿아 있어야만 할 것이다. 다시 말해 홍리가 분사 구멍의 알맞은 크기를 알게 되었다는 것은 갈릴레이보다 100년, 뉴턴보다 200년 앞서 지구 중력장 내에서 투사체의 운동이나 로켓 운동의 기본 원리를 터득했다는 얘기다. 당연하게도 홍리에게는 뉴턴의 미적분학이나 갈릴레이의 망원경 따위는 없었을 것이다.

따라서 고전역학의 기본적인 요소들이 전혀 없는 상황에서 그 근본 원리를 조선의 언어로 재구성한다는 것은 어쩌면 새로운 역사를 구성하는 것과도 같다. 처음 자문을 의뢰받았을 때는 미적분의 기본 개념을 홍리가 터득하는 쪽으로 가닥을 잡을 수도 있겠다는 생각이 들었다. 실제 기록으로 전해지는 역사는 그렇지 않지만, 영화에서 나오듯이 매우 정밀한 단위까지 측정해서 기구를 제작했다면 그 정밀도를 요구해야만 했던 절박한 이유가 있었을 것이다. 그리고 그 절박한 이유는 아마도 과학적인 이론의 형태이지 않았을까?

근 1년 반이나 지나 그때의 기억들을 떠올리며 스크린을 응시했던 나는 다소 실망하지 않을 수 없었다. 홍리가 알고 싶어했던 그 비밀이 선친이 남긴 서책에 모두 적혀 있었기 때문이다. 선친이 어떻게

---

* 로켓은 자기 질량의 일부(즉 연료)를 분사함으로써 추진력을 얻기 때문에 단순 투사체가 운동하는 것보다 훨씬 복잡하다.

그 원리를 터득했는지는 물론 소개되지 않았다. 결과적으로 조선의 최신 최첨단 병기가 무술비급의 수준에서 탄생한 셈이다. 실제로 핵심 기술의 비밀을 홍리가 손에 넣게 된 결정적인 계기는 과학적이고 논리적인 사유나 실험이 아니라 설주 일행의 무협이었다.

사실 영화를 보기 전에는, 영화 관계자가 찾아온 것도 한참 지난 일이고 듣자 하니 제작비도 170억 정도로 늘어났다고 해서 혹여 다른 전문가들에게 도움을 받지 않았을까 하는 생각도 해보았다. 그러나 이야기의 방향이 '무협' 쪽으로 흐르는 바람에 아마도 과학자의 도움은 별로 필요하지 않았던 듯싶다. 어느 선택이 더 좋았을까 하고 딱 잘라서 말하기는 어려울 것이다. 이런「신기전」도 하나의 영화이고 저런「신기전」도 또 하나의 영화일 테니까. 다만 '저런「신기전」'이 아쉬운 이유는 (내가 과학자이기 때문이기도 하지만) 우리나라에서도 이제 탄탄한 스토리와 잘 짜인 구성으로 승부를 거는 작품이 많이 나와야 하지 않을까 해서이다.

문득「니모를 찾아서」의 자문을 맡았던 애덤 서머스가 떠올랐다. 내가 그만한 능력의 과학자일까에는 의문이 들기도 하지만 적어도 대한민국 전체에서 그만한 수준의 전문가를 찾기가 어렵지는 않았을 것 같다.

제3부 society 사회

인류의 무지를 증명한 물질

암흑물질도 살리지 못한 미국 경제

과학자와 사주·풍수

정치·외교에도 과학이 필요하다

게임이론으로 분석한 미국산 쇠고기 협상

인류의 무지를 증명한 물질
우주상수가 정말 암흑 에너지일까?

■ 우주에 대한 인류의 무지를 극명히 보여주다

　　　　　　　　　　　이제는 고전이 되어버린 조지 루카스 감독의 영화 「스타워즈」는 총 6편의 에피소드로 구성되어 있다. 1977년부터 개봉한 에피소드 IV(1977), V(1980), VI(1983)편에 이어 1999년 이후 에피소드 I(1999), II(2002), III(2005)이 잇달아 개봉하면서 「스타워즈」는 30년에 걸친 대장정에 마침표를 찍었다.

　가장 최근에 개봉한 「스타워즈 에피소드 II: 시스의 복수」는 애너킨 스카이워커가 다스베이더로 변모해가는 과정을 극적으로 보여준다. 한때 포스의 균형을 이루게 할 주인공으로 지목된 애너킨이 결국에는 어두운 포스의 제왕으로 등극해버렸다. 실제 그가 대부분의 제다이를 전멸시켜버렸으니 정말로 포스의 균형을 맞춘 것인지 모르겠다. 어쨌든 「스타워즈」에서 포스의 어두운 면, 즉 다크포스가 전체 포스의 균형에서 중요한 역할을 한다는 설정은 무척 흥미롭다. 물리학자의 입장에서 보자면 이 말은 사실에 매우 근접해 있다. 우주의 대부분은 암흑으로서, 현재 우리가 알고 있는 것보다 알지 못하는 것이 더 많기 때문이다.

물론 이런 상황 설정이 우주의 정체를 파악하는 과학적인 관심사와는 상관없긴 하지만, 「스타워즈」의 배경은 지금보다 훨씬 과학기술이 발달하여 우주선이 광속으로 우주 구석구석을 누비고 다니는 상황인데, 그때에도 여전히 우주의 보이지 않는 어두운 영역이 상당하다니 과학자의 한 사람으로서 다소 실망스럽기도 했다.

인류가 지구라는 행성에서 생겨나 하늘을 바라보며 그 이치를 터득한 것이 누천년에 이른다. 덕분에 우리는 지금까지 지구와 우주에 대해 무척이나 많이 알게 됐지만, 그럼에도 여전히 모르는 것이 훨씬 더 많다.

우주에 대한 인류의 무지를 가장 극명하게 보여주는 사례가 바로 암흑물질dark matter과 암흑 에너지dark energy이다. 암흑이라는 말이 붙은 이유는 빛을 내지 않아 그 정체를 알 수 없기 때문이다.

'물질'과 '에너지'를 구분하는 것은 이들 각각의 상태방정식이다. 상태방정식은 밀도와 압력 사이의 모종의 관계를 나타낸다. 밀도와 압력은 대체로 비례한다. 이는 우리의 상식에도 부합한다. 풍선에 공기가 많으면(즉 밀도가 높아지면) 풍선은 더 많이 부풀어 오른다(즉 압력이 커진다). 그 비례하는 정도는 w를 써서 다음과 같이 표현한다.

$p = w\rho$ (p: 압력, ρ: 밀도)

보통의 물질matter이라고 부르는 것은 $w=0$인 경우다. 빛은 $w=1/3$이다. 암흑물질은 $p=0$의 관계가 있어서 '물질'임에는 분명하나 ($w=0$이므로) 그 정체를 알 수 없는 물질이다. 반면 우주에는 $w=-1$, 즉 $p=-\rho$의 관계를 만족하는 '무언가'가 있다. 이 '무언가'는 밀도가 높아질수록 음의 압력을 가지는, 보통의 물질이나 빛과는 무척 동떨어진 행위 양태를 보인다. 과학자들은 $w=-1$인 이 '무언가'를 암흑에너지라고 부른다.

요즘은 정밀한 우주관측 위성들로부터 많은 자료를 얻고 있다. 현재 활동 중인 가장 중요한 관측 위성으로는 WMAP Wilkinson Microwave Anisotropy Probe, 윌킨슨 극초단파 비등방성 관측선이 있다. WMAP은 2001년 미 우주항공국NASA이 쏘아 올린 것으로, 인류의 우주 관측 역사에 큰 이정표를 세우고 있다. 이전에는 우주와 관련된 각종 관측 자료의 불확정성이 매우 컸다. 여기에는 가장 기본적인 데이터라 할 수 있는 우주의 나이도 포함된다. 그런 와중에 WMAP은 이 불확정성을 수 퍼센트 이하의 정밀도로 낮추었다. 우주 과학이 바야흐로 정밀관측의 시대로 접어들고 있는 것이다!*

WMAP의 가장 중요한 관측 결과 중 하나는 우주의 에너지 분포이다. 이에 따르면 우주에는 인류가 아는 물질이 약 4퍼센트밖에 되지 않는다. 양성자나 중성자, 전자, 빛 등등이 모두 여기 속한다. 물질이

---

* 한 예로 WMAP의 5년 관측치에 의하면 우주의 나이는 136.9±0.13억 년이다.

기는 하지만 그 정체가 무엇인지 알지 못하는 무엇, 즉 암흑물질은 전체의 24퍼센트에 달한다. 알려진 물질 중에는 암흑물질의 후보가 없다. 나머지 72퍼센트는 음의 압력을 가지는 암흑 에너지다. 암흑 에너지는 암흑물질보다도 더 종잡을 수 없는, 21세기 과학의 최대 미스터리 중 하나다.

암흑물질과 암흑 에너지의 정체

암흑물질이 존재한다는 사실은 1930년대부터 알려져 있었다. 이 물질은 말 그대로 빛을 내지 않아 직접 관측되기 어렵기 때문에 그 존재를 간접적으로 파악할 수밖에 없다. 그러나 암흑물질이 있다는 증거나 근거는 열 가지도 넘는다. 그중에서 가장 유명한 증거는 은하의 회전곡선이다.

은하는 전체가 한 방향으로 회전하는 경우가 많다. 과학자들은 은하를 구성하는 별들이 회전하는 속도를 조사했다(별은 빛을 내니까 관측하기 쉽다). 은하나 별들의 움

우주 관측의 새로운 역사를 쓰고 있는 첫해의 WMAP.

직임은 케플러의 법칙으로 대부분 설명된다. 이에 따르면 은하의 회전 중심으로부터 멀리 떨어진 별일수록 그 회전 속도의 제곱은 거리에 비례해서 감소한다. 즉, 멀리 있는 별일수록 회전하는 속도가 줄어든다. 그러나 실제 관측한 결과는 케플러의 법칙과는 너무나 달랐다. 중심에서 멀리 있는 별들의 속도가 전혀 줄어들지 않았다!

이 실험 결과를 설명하는 가장 유력한 방법 중의 하나가 바로 암흑물질을 도입하는 것이다. 빛을 내뿜지 않아 관측되지는 않지만, 뭔가 어두운 물질이 있어서 은하 중심으로부터의 거리에 따라 적절하게 공간에 퍼져 있으면 중심에서 멀리 있는 별들의 속도가 줄어들지 않을 수 있다.

불행히도 암흑물질의 정체가 무엇인지는 아직 밝혀지지 않았다. 지금까지 우리가 알고 있는 모든 소립자들은 표준모형이라는 틀 속에서 체계적으로 잘 이해되고 있다. 그런데 표준모형의 모든 소립자들 혹은 그들이 서로 결합해서 만들 수 있는 다른 모든 입자들은 암흑물질이 될 수 없음이 밝혀졌다. 최근까지 가장 유력한 후보였던 중성미자는 너무 가벼워서 제외되었다.

과학자들은 암흑물질이 가져야 할 성질들을 종합해보았다. 우선 암흑물질은 다른 물질들과 약하게 상호작용해야만 한다. 그렇지 않다면 암흑물질을 진작에 직접적으로 검출했을 것이다. 또한 암흑물질은 적당히 무거워야 한다. 중성미자가 제외되었던 이유는 그 질량이 너무 가벼웠기 때문이다. 즉, '약하게 상호작용하는 무거운 입자'가 암흑물질의 가장 유력한 후보이다. 이런 성질을 가진 입자를 통칭해서 '윔프WIMP, Weakly Interacting Massive Particle'라고 한다.

윔프의 가장 유력한 후보는 초중성소자neutralino라고 불리는 초대칭 입자이다. 현재 가동 중인 LHC의 가장 중요한 임무 중 하나가 바로 암흑물질을 가속기에서 발견하는 것이다. 만약 LHC가 초중성소자를 발견해서 그것이 암흑물질로 판명된다면 LHC는 일석이조의 결과를 내게 된다. 왜냐하면 초대칭성도 아직은 자연에서 발견되지 않았기 때문이다. 초대칭성은 입자물리학의 표준모형을 넘어서는 새로운 물리학적 패러다임의 대표 주자다. 과학자들이 LHC에 큰 기대를 거는 것도 이 때문이다.

LHC와는 별도로 윔프를 직접 검출하려는 실험도 세계 곳곳에서 수행되고 있다. 한국에서도 서울대 김선기 교수가 이끄는 연구팀이 양양에서 암흑물질을 찾기 위해 KIMSKorean Invisible Mass Search라는 실험을 진행하고 있다.

암흑물질에 비하면 암흑 에너지의 정체는 더 오리무중이다. 암흑 에너지는 앞서 보았듯이 밀도가 음의 압력을 생성한다. 말하자면 풍선에 암흑 에너지를 불어넣으면 풍선이 부풀어 오르지 않고 쭈그러든다. 암흑 에너지는 우주의 운명에 매우 독특한 영향을 미친다. 즉, 우주를 팽창시킨다. 수학적으로 말하자면 이것은 암흑 에너지의 상태방정식을 규정하는 w값이 −1이기 때문이다.

다른 물질이나 에너지는 이렇지 않다. 물질이라면, 그것이 우리가 잘 아는 물질이건 정체를 전혀 모르는 암흑물질이건, 그 질량에 의한 중력수축 때문에 우주의 팽창을 억제하는 효과를 낸다. 또한 질량과 에너지는 서로 동등하므로 빛처럼 질량 없이 에너지만 있는 어떤 것도 우주 공간을 수축시키는 데에 기여한다. 암흑 에너지는 이와 정반대의 역할을 수행하는 셈이다. 암흑 에너지는 지속적으로 우주를 팽창시킨다. 이는 마치 우리가 일정한 힘을 물체에 계속해서 가하면 그 속도가 일정하게 증가하는 것과도 같다. 자유낙하하는 물체는 지구가 그 물체에 항상 일정한 중력을 미치기 때문에 떨어질수록 속도가 증가한다.

즉 우주에 암흑 에너지가 상당량 존재한다면 우주가 팽창하는 속도도 점점 빨라질 것이다. 이처럼 시간에 따라 점점 속도가 증가하는 양상을 '가속 팽창'이라고 한다. 놀랍게도 과학자들은 초신성supernova을 연구한 결과 지금 우주가 가속 팽창하고 있음을 알게 되었다(1998년). 즉, 시간이 지날수록 우주의 팽창 속도가 약간씩 빨라진다. WMAP이 매우 높은 정밀도로 암흑 에너지가 이 우주에 약 72퍼센트 존재한다는 사실을 밝혀냄으로써 우주의 가속팽창은 다시 한번 실험적으로 확인된 셈이다.

"왜 하필 지금 우주가 가속팽창할까?"

WMAP은 아주 옛날 초기 우주의 에너지 분포도 조사했다. 그때에는 암흑 에너지가 전체 에너지 분포에서 차지하는 양이 미미했다. 우주의 시작이라고 생각되는 대폭발 이후 38만 년쯤 되던 때*에는 암흑물질이 약 63퍼센트, 빛이 15퍼센트, 원자들이 12퍼센트, 중성미자가 10퍼센트를 점유했다. 당시에는 우주의 크기가 지금보다 훨씬 작았을 터이므로 같은 양의 물질이 있더라도 그 밀도는 매우 높았을 것이다(밀도는 단위 부피당 질량이다). 만약 암흑 에너지가 우주의 크기와 상관없이 항상 일정한 값을 가진다면 초기 우주에서는 상대적으로 암흑 에너지가 차지하는 비중이 무척 낮았을 것이 분명하다.

그렇다면 당연히 다음과 같은 질문이 생긴다. 우주의 역사에서 왜 하필 지금(정확히는 약 50억 년 전) 암흑 에너지와 여타의 물질들이 적절히 균형을 이루어 우주가 가속 팽창하는 것일까? 과학자들은 이 의문을 "왜 지금Why Now?"의 문제라고 부른다. 물론 아직 이 의문에 대한

암흑 에너지로 형성된 우주의 암흑물질 분포.

---

* 이 시기는 우주의 역사에서 매우 중요하다. 전자가 원자핵과 결합하여 전기적으로 중성인 원자를 이루게 되면 빛은 전기적으로 상호작용할 소립자들을 잃어버리게 되어 우주 어디든 퍼져나간다. 이 빛이 바로 우주배경복사cosmic microwave background radiation, CMBR이다. 우주관측 위성들이 주로 관찰하는 것이 바로 CMBR이다.

답은 없다.

암흑 에너지의 정체는 전혀 종잡을 수 없긴 하지만, 한 가지 유력한 후보가 있다. 그것은 바로 우주상수라고 불리는 양이다. 이것은 우주의 공간 자체가 가지는 에너지 밀도로서 우주가 팽창하는 데에 기여하는 양이다. 우주상수는 공간 자체의 에너지 밀도이기 때문에 우주의 크기가 얼마인가에 상관없이 항상 일정한 값을 가진다. 이는 마치 공기 중 산소 밀도가 20퍼센트라면 우리가 어떤 부피의 공기를 포집하더라도 그 속에 항상 20퍼센트의 산소가 존재하는 것과 같다. 대폭발 이래 우주는 시간에 따라 계속 팽창을 해왔기 때문에 우주의 크기는 곧 우주의 시간과도 같다. 따라서 우주상수는 시간과는 무관하게 항상 일정한 양이라고도 말할 수 있다.

물론 우주상수가 정말 암흑 에너지인지는 아직 잘 모른다. 이 때문에 암흑 에너지가 과연 시간에 따라 변하는 양인가 아닌가가 무척 중요하다. 이는 21세기 물리학이 해결해야 할 가장 시급한 문제 가운데 하나다.

지금까지의 모든 관측 결과는 암흑 에너지=우주상수, 암흑물질=무거운 물질이라는 가정과 매우 일치한다는 점도 끝으로 덧붙여야겠다. 이를 두고 사람들은 ΛCDM우주론이라고 한다. Λ(람다)는 우주상수의 별칭이다. CDM은 차가운 암흑물질Cold Dark Matter의 약자다. 차갑고 뜨겁다hot를 구분하는 것은 입자가 매우 가벼워서 빛에 가까운 속도로 빨리 돌아다니는가hot 아니면 꽤나 무거워서 느릿느릿 돌아다니는가cold이다.

갈릴레이와 뉴턴이 근대과학을 열어젖힐 때부터 과학은 항상 천상의 비밀을 한 꺼풀씩 벗겨왔다. 그 전통은 그들로부터 수백 년이 지난 오늘날에도 전혀 바뀌지 않았다. 불행히도 가장 다급한 천상의 비밀은 우주의 보이지 않는 곳에 숨겨져 있다. 그러나 과학의 역사는 또한 보이지 않는 무엇을 끊임없이 드러내 보이는 역사였음을 돌이켜본다면, 지금 과학이 직면한 천상으로부터의 도전은 인류 지성의 한계를 한 단계 뛰어넘을 획기적인 기회일지도 모른다.

암흑물질도 살리지 못한 미국 경제
하우스만과 스투제니거의 암흑물질 설

2007년 연말 미국에서 비우량담보대출, 즉 서브프라임 모기지 사태가 터지면서 세계 경제는 한치 앞을 내다보기 힘든 상황으로 빠져들었다. 급기야 2008년 9월 14일 미국의 3위 투자은행인 리먼 브러더

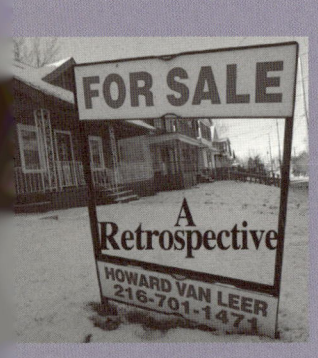

스가 최종 파산했고 메릴린치는 뱅크 오브 아메리카에 인수되었다. 세계 최대 생명보험 회사라는 AIG 역시 무너지면서 위기감은 확산되었다. 리먼의 파산은 전 세계 경제에 큰 충격을 던졌다. 단지 회사 하나의 파산이 아니라 지금까지 세계 경제를 이끌었던 미국 월가 전체의 몰락을 상징한다고 모두들 생각했다. 그리고 그 상황은 현재 진행형이다. 서방 선진 7개국(G7)도 모자라 이제는 20개국 정상들이 모여 세계 경제 위기를 극복하기 위해 힘쓰고 있다.

미국 경제의 위기는 사실 어제 오늘 이야기가 아니다. 이미 오래전부터 세계의 수많은 경제 전문가들이 미국 경제의 몰락과 세계 경제의 위기를 경고해왔다. 경제학자들이 미국 경제의 몰락을 예고한 가장 큰 이유는 눈덩이처럼 불어나는 미국의 무역적자와 국가채무 때문이었다. 물론 일각에서는 미국 경제가 여전히 건재하다는 주장도 제기되고 있다. 그중에서 아주 흥미 있는 경제 이론이 바로 미국 경

미국경제 위기의 일면(왼쪽)과 위기 현상을 일축한 하우스만과 스투제니거.

제의 암흑물질론이다. 암흑물질 이론은 2005년 하버드 대학 리카도 하우스만Ricardo Hausman과 페데리코 스투제니거Federico Sturzenegger가 발표한 연구에서 등장했다.

경제 문외한인 내가 이 모든 전문적인 논의를 따라가기는 불가능할 것이다. 여기서는 하우스만-스투제니거의 논문과 일본 리츠메이칸대 이강국 교수가 지난 2006년 5월과 7월 인터넷 신문「프레시안」에 기고한 글을 중심으로 암흑물질 이론을 소개한다.

해외투자가 바로 '암흑물질'

하우스만과 스투제니거는 2005년 「미국과 세계의 불균형: 암흑물질이 파국을 막을 수 있을까U.S. and global imbalances: Can dark matter prevent a big bang?」라는 제목의 논문을 발표했다. 이들 주장의 핵심을 한마디로 말하자면 눈에 보이지 않는, 즉 통계에 보이지 않는 무엇이 미국의 엄청난 적자를 메워주고 있다는 것이다. 이 '무엇'을 저자들은 물리학에서 영감을 얻어 암흑물질이라고 불렀다. 물리학자들은 암흑물질의 존재를 간접적으로 확인했지만 그 정체를 아직 모르는 반면, 이들 경제학자는 미국 경제에서의 암흑물질의 존재 자체가 확실하지 않은 상황에서 "이것이 암흑물질이다!"라고 선언했다.

하우스만과 스투제니거가 주장한 암흑물질은 바로 미국의 해외투자였다. 이들이 말하는 일차적인 암흑물질의 근원은 미국이 해외에 직접 투자할 때, 지식과 기술, 브랜드 등에서 얻는 지식 서비스이다.

또한 미국이 경제적으로나 군사적으로 세계 최강국이기 때문에 갖는 프리미엄, 즉 미국 자산의 안전성이 담보하는 보험 서비스나 세계 기축통화로서의 달러 발권력 등도 암흑물질의 원천에 포함된다.

이들이 계산한 바에 따르면 2000년부터 2004년까지 미국의 누적된 경상수지 적자는 2조 5천억 달러이지만, 암흑물질을 고려해서 다시 계산하면 미국이 같은 기간 2조 8천억 달러를 더 수출한 효과가 있었다고 한다. 즉 미국의 엄청난 누적적자는 역시 엄청난 규모의 암흑물질을 미국이 수출했기 때문이라는 주장이다.

이들이 제시한 연도별 누적경상수지 그래프를 보면 마치 은하의 회전속도 곡선을 보는 것만 같다. 암흑물질을 고려하지 않으면 누적적자가 해를 거듭하면서 계속 커져서 경상수지 곡선이 시간이 흐를수록 아래로 곤두박질친다. 그러나 암흑물질을 계산에 넣으면 그 모든 누적적자가 상쇄되어 경상수지 곡선은 수지가 비슷하게 맞아떨어지는 평행한 모습을 보인다. 이는 마치 실제 관측한 은하회전 곡선이 거리에 따라 감소하지 않고 거의 동일한 속도 분포를 보이는 것과 닮았다. 다만 과학자들이 관찰 결과를 설명하기 위해 암흑물질을 고안했다면, 경제학자들은 미국 경제의 안정성이라는 일종의 신념이나 희망 사항을 설명하기 위해 암흑물질을 끌어들였다는 느낌이 강하다.

논문의 두 저자는 암흑물질을 상정하지 않은 기존의 설명들은 혼란스럽고 부자연스럽다면서, 마치 톨레미의 천동설을 받아들여 행성궤도를 설명하려면 임의의 주전원을 여럿 도입해야 하는 것과도 같다고 비판한다. 오컴의 면도날이 최신 경제학 논문에서도 등장하니 무척 반가웠다. 한 가지 흥미로운 점은 논문 뒷부분에 첨부된 조그만 표였다. 여기에는 암흑물질의 주요 수출국과 수입국이 나와 있다. 미국, 영국, 독일과 함께 한국도 암흑물질의 주요 수출국으로 소개됐다. 한국은 2000년에서 2004년까지 연평균치가 100억 달러로, 미국의 5590억 달러, 영국의 2340억 달러에 턱없이 부족하나, 독일의 120억 달러와는 비슷하다. 반면 암흑물질의 주요 수입국으로는 러시아, 아일랜드, 프랑스 등이 거론되었다.

과학계에서는 암흑물질의 존재가 거의 확실한 것으로 받아들여지고 있으며 앞서 말했듯이 우주론은 성공적으로 관측 결과를 설명하고 있다. 반면 경제계에서는 미국 경제를 먹여 살린다는 암흑물질의 역할에 대해 크게 견해가 엇갈린다. 하우스만과 스투제니거의 주장에 반대하는 학자들은 그들이 암흑물질의 역할을 크게 과장하거나 자의적으로 분석했다고 반박했다.

미국 경제의 암흑물질론이 나온 지 3년여가 지난 시점에서 사후적으로 본다면 이 이론은 틀렸다. 2008년 기준으로 본다면 암흑물질이 미국 경제를 구원하지는 못한 것 같다. 물론 지금의 글로벌 경제 위기는 미국발 서브프라임 모기지 사태에서 비롯했지만, 근본적으로는 빚으로 돌아갈 수밖에 없는 미국 경제의 기형적 구조 때문임이 확실해 보인다. 이 비정상적 구조를 보이지 않는 곳에서 정상으로 떠받칠 것으로 기대받았던 그 무언가는 끝내 모습을 드러내지 않았다.

'보이지 않는 손'의 작용?

투명인간처럼 눈에 보이지 않는 무엇이 전체의 균형을 맞추고 있다는 생각은 그 자체로 상당히 매력적이다. 애덤 스미스는 이미 오래전에 '보이지 않는 손'을 언급했다. 생물학에서도 보이지 않는 뭔가가 중요한 역할을 한다. 과학자들은 생물체의 유전 정보를 담고 있는 DNA에서 눈에 보이는 유전자가 존재하는 영역이 전체 DNA의 극히 일부에 지나지 않는다는 점을 알게 되었다(션 B. 캐럴, 『이보디보』). DNA의 긴 사슬 중에서 유전자 혹은 그 일부가 아닌 더 많은 영역은 그 부분의 염기서열 분석만으로는 무슨 일을 하는지 알 수가 없다. DNA의 이 '어두운' 영역을 '게놈의 암흑물질'이라고 한다. 게놈의 암흑물질은 일종의 유전자 스위치를 간직하고 있다. 보통의 유전자는 특정한 단백질을 만드는 유전 암호를 간직하고 있다. 그렇지만 유전자 스위치는 그 무엇의 암호가 아니다. 이 스위치는 DNA를 조절하여 생물의 발생과정을 통제한다.

다행히 게놈의 암흑물질은 우주의 암흑물질보다 더 잘 알려져 있다. 과학자들은 심지어 이 게놈 암흑물질들을 떼어다가 다른 곳에 조립하기도 한다. 그러나 대부분의 게놈 암흑물질은 아무 역할도 하지 않는 일종의 쓰레기다. 사람의 게놈 암흑물질에서 스위치 역할을 하는 영역은 2~3퍼센트에 불과하다고 한다.

볼프강 파울리는 중성자의 베타 붕괴* 반응에서 언뜻 에너지가 보존되지 않아 보이는 상황을 보이지 않는 입자를 도입함으로써 해결했다. 이 입자가 바로 중성미자 neutrino이다. 전기적으로 중성이고 질량도 없는 입자가 이 반응에서 일부 에너지를 가지고 나갔다고 가정하면 반응 전후의 에너지가 보존되게 할 수 있다. 물론 중성미자는 이후 실험적으로 검출되었다. 아마도 파울리 시절에 미국의 경제 전망을 놓고 논쟁이 한창이었다면, 어떤 경제학자들은 '미국 경제의 중성미자'가 미국 경제의 균형을 맞춘다고 하지 않았을까? 안타깝게도 파울리가 중성미자를 예언한 1931년은 이미 대공황이 전 세계를 휩쓴 직후였다.

---

* 베타 입자는 전자electron의 별칭이다. 속박되지 않은 중성자는 전자를 내놓고 양성자로 붕괴한다.

과학자와 사주 · 풍수
과학적 원리로 설명한 배산임수

과학을 연구하는 사람이 사주나 풍수를 운운하는 것이 다른 사람들에게 좋게 보이지 않는다는 걸 나는 경험적으로 알고 있다. 물론 점쟁이나 관상가, 지관을 쫓아다니면서 이것저것 물어보지는 않지만, 주변 사람들이 그렇게 하는 것을 적극적으로 말리지는 않는 편이다. 그보다는 오히려 호기심이 더 많다는 것이 정확한 표현일 듯하다.

박사학위를 받고 막 연구원 생활을 시작하던 2001년, 어머니는 새로 이사한 막내아들 집에 오시면서 부적 두 장을 써오셨다. 그해가 돼지띠 삼재 드는 해이기 때문이란다. 돌이켜보면 부적의 효험이 없었는지 (아니면 그 모든 논의들이 다 비과학적이라 쓸데없는 짓이었는지) 그 몇 해 동안은 내 인생에서 가장 힘든 시기였다. 그러나 어머니에게 부적을 써준 이는 아마도 부적 덕분에 더 나빠지는 것을 피할 수 있었다고 하는, 좀처럼 검증하기 어려운 논리를 준비하고 있었을 게 분명하다.

▎반증이 가능해야 '과학'

칼 포퍼는 과학이란 항상 반증 가능해야 한다고 주장한다. '과학'에 대한 보통 사람들이 떠올리는 심상은 실험과 관계가 깊다. 앞서 말했듯이 과학에 관한 경험주의적 선입견은 여전히 많은 사람들에게 작용한다. 그렇지만 귀납적인 증명만으로는 과학이 성립하기 어렵다. "태양은 매일 아침 동쪽 하늘에서 떠오른다"는 명제를 생각해보자. 인류가 지구상에 생겨나 일출을 관찰해온 이후로 무수한 날들 동안 이 명제는 참이었다. 그렇다고 해서 "태양은 매일 아침 동쪽 하늘에서 떠오른다"는 주장이 보편적인 과학법칙이라고 말할 수 있을까?

우선 태양이 과연 며칠이나 동쪽에서 떠올라야 이 명제를 법칙이라고 할 수 있을까 하는 문제가 있다. 인간이 아무리 많은 세월을 관찰해서 예외 없이 동쪽 하늘로 떠오르는 태양을 봐왔다고 하더라도 그 때문에 내일 태양이 다시 동쪽 하늘에서 떠오른다고 말할 수 있을까? 만약 어느 날 태양이 갑자기 사라져버렸다든지* 아니면 서쪽에서 떠올랐다면 "태양은 매일 아침 동쪽에서 떠오른다"는 주장은 반증falsification된 것이다. 그 명제가 옳다는 것을 경험적으로 증명하기 위해서

---

* 태양의 수명은 대략 100억 년으로, 현재 나이는 50억 년 가까이 된다.

는 수많은 경험적인 확인으로도 불충분하지만, 그 명제가 틀렸다는 것은 단 한 번의 반증만으로 알 수 있다.

  포퍼는 과학 이론이란 그 옳고 그름을 어떻게든 반증할 수 있는 기제를 가져야 한다고 주장한다. 여러 번의 반증을 거친 이론은 그만큼 훌륭한 과학 이론으로 자리매김하게 된다. 반증가능성이야말로 과학과 비과학을 가르는 중요한 기준이라고 포퍼는 강조한다. 이 가르침은 아직도 곳곳에서 유용하게 쓰이고 있다. 예를 들면 최근 학계의 큰 관심을 받고 있는 초끈이론은 실험적 검증이 대단히 어렵기 때문에 일부 과학자들로부터 외면당하고 있다.* 많은 과학자들은 초끈이론의 간접적인 증거만이라도 실험적으로 확인할 수 있는 길이 없나 찾고 있는 중이다. 물론 이 가운데에는 실험적으로 초끈이론을 반증하려는 시도도 여럿 있다.

  포퍼 입장에서 보자면 그 부적을 써준 점쟁이의 주장은 과학이라고 보기 어렵다. 내가 여러 번 인생을 살 수 있어서 한 번은 부적을 붙이고 다니고 또 한 번은 부적을 붙이지 않고 다니는 경로를 모두 경험할 수는 없기 때문이다. 즉, 점쟁이의 주장은 반증 불가능하다.

  그래도 나는 어머니가 안방 입구에 붙여주신 부적을 3년 내내 그대로 두었다. 베개 속에 접어 넣은 또다른 한 장의 부적과 함께.

---

* 양자고리중력 이론의 대표주자인 리 스몰린도 최근에 쓴 글 A crisis in fundamental physics, The New York Academy of Science에서 이런 논지로 초끈이론을 비판했다.

만약에 점쟁이가 "모월 모일 무슨 일이 일어날 것이다"라고 주장했다면 이는 반증 가능한 주장이 아닐까? 맞다. 대개 사람들은 어느 점집이 용하다는 근거로 얼마나 적중률이 높은가를 말한다. 그러나 보통은 적중한 예측을 빗나간 예측보다 더 잘 기억하기 마련이다. 방금 보았듯이 경험적 확인이 아무리 많더라도 단 한 번의 반증으로도 모든 것이 허물어지는 것이 과학의 세계이다. 반면 용한 점쟁이의 빗나간 예언은 좀처럼 결정적인 반증으로 작용하지 못하고 경우에 따라서는 오히려 옹호되기도 한다. 이는 앞서 말한 바 있는 뒤엠-콰인 명

 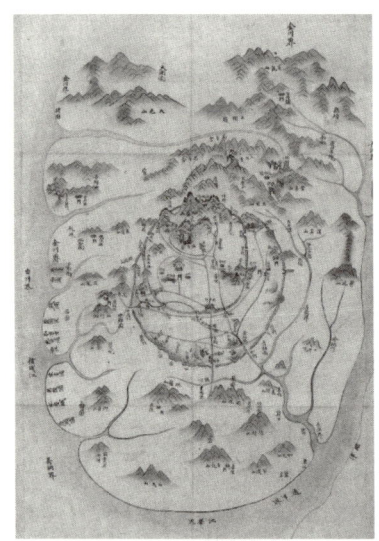

흔히들 사주와 풍수를 '영靈'의 영역으로 치부하지만 사실 그 안에는 과학으로 포섭될 만한 영역들이 있다.

제, 즉 증거에 의한 이론의 과소결정과도 같다. '용한 점쟁이'를 이루는 온갖 요소들을 끌어들임으로써 빗나간 예측을 무시하는 것이다. "오늘은 영발이 별로이신가보다" 하는 변명이 대표적이다. 이에 비하면 어쩌다가 한 번 맞은 예측은 상대적으로 과대평가되기 일쑤다.

그렇다면 사주나 관상, 주역, 풍수 등은 모두 비과학적인 애물단지로 사라져야만 하는 것들일까? 이 질문에 대한 나의 대답은 다소간 '부정적 유보'라고 할 수 있다. 내 주변의 적지 않은 동료 과학자들은 "과학을 한다는 사람이 어떻게 사주를 믿나?"라고 흔히들 말하지만, 나는 오히려 과학자이기 때문에 관심이 많다고 대답하곤 한다. 사주나 관상이나 풍수가 과학의 영역으로 포섭될 수만 있다면 얼마나 재미있고 획기적인 사건이 될까? 나는 물론 사주나 풍수 전문가가 아니라서 이 분야를 언급하는 것이 조심스러울 수밖에 없지만, 보통 사람의 상식선에서 그것을 짚어보고자 한다.

음양오행은 보편적 환경을 코드화한 것

사주란 한 사람이 태어난 생년월일시에 동양 전통의 음양오행을 대응시켜 그 사람의 인생과 길흉화복을 예측하는 체계이다. 여기서 음양오행은 태양(양)과 달(음) 및 태양계의 다섯 개 행성(수성, 금성, 화성, 목성, 토성)에서 유래했다. 이 다섯 행성은 옛날부터 맨눈으로도 관측할 수 있었다. 서양에서도 케플러가 이 다섯 개의 행성에 플라톤의 정다면체를 대응시켜 이들의 운동을 설명하려고 했었다. 서양에서 유행한 점성술은

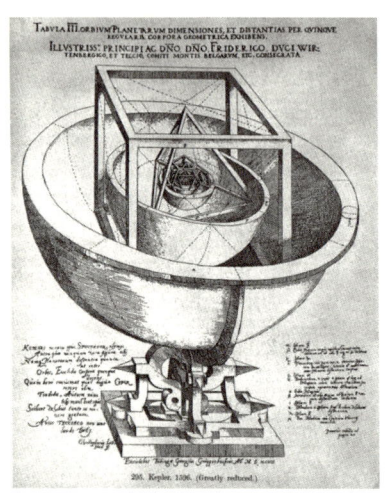

케플러가 보여주는 행성의 운동 원리에 대한 스케치.

이 행성들을 포함한 우주의 수많은 별들이 지구상의 인간에게 독특한 영향을 미친다는 논리를 가지고 있다.

동양의 음양오행은 태양, 달, 오행성들이 인간에게 직접적으로 미치는 영향을 말하는 것 같지는 않다. 그렇다기보다 인간을 포함한 우주의 삼라만상을 음양이라는 성질들과 오행이라는 성질들로써 나름대로 그 운행 원리를 설명하려고 한다.

언뜻 생각해보면 태어난 날과 관련된 몇 가지 정보로 한 사람의 인생을 논한다는 것이 참 허황돼 보인다. 그러나 생각하기에 따라서는 꼭 그런 것만도 아니다. 프랑스의 한 산부인과 의사는 신생아가 막 태어나는 순간에 어떤 스트레스를 받았느냐에 따라 아기의 유년기 성격이 달라진다고 주장하기도 했다. 만약 그 스트레스의 종류와 성격을 음양오행으로 짜 맞출 수 있다면 산부인과 의사의 임상학적 통계는 사주와 크게 다르지 않을 것 같다.

그런데 사주나 사주명리학에서는 한 사람이 태어날 때의 상황보다도 그 아기가 처음 잉태될 때의 상황을 더욱 중요하게 여긴다고 한다. 이런 입장은 꽤 그럴듯해 보인다. 한 생명체가 태어나기 위해서는 우선 건강한 정자와 건강한 난자가 적절한 조건 속에서 수정을 해야 하므로 아기가 잉태될 때의 상황은 과학으로 치자면 일종의 초기 조건 initial condition에 해당하는 셈이다(물론 태어난 날을 중심으로 해서 잉태된 순간을 역산한다는 것은 지극히 어려운 일이지만 말이다).

그 초기 조건을 구성하는 요소들은 아마 무척 다양하고도 복잡할 것이다. 온도와 습도, 빛의 밝기에서부터 남자와 여자의 생체 리듬에 이르기까지 생각해야 할 문제가 한둘이 아니다. 사극에서 아기를 갖기 위해 남녀 합궁의 때와 조건을 따지는 장면을 떠올려봐도 그렇다. 특히 우리 주변의 환경을 기본적으로 결정하는 요인들은 주기적으로 변하는 자연현상과 깊은 관계가 있다. 해가 뜨고 지는 하루의 변화, 달이 차고 기우는 매월의 변화, 사계절의 변화, 그리고 1년을 주기로 변하는 자연현상들이 어떻게든 영향을 미칠 것이다.

이 영향력이라는 것이 결국은 음양오행의 다른 말에 불과하다. 주기적인 자연현상의 변화를 표현하는 데에 태양과 달과 다섯 행성이 가장 직관적이고 손쉬웠을 것이다. 사주는 그 영향력을 일종의 초기 조건으로서 음양오행으로 코드화하여 인간의 운명에 관한 이론으로 구축한 게 아닐까.

사주에는 정량적 분석이 없다

사주와 운명을 비과학적이라고 비판하는 이유들 중 하나는 사람의 미래가 어떻게 미리 결정되어 있을 수 있냐는 것이다. 그런데 사실 고전적인 뉴턴 역학의 근본 정신도 이와 크게 다르지 않다. 고전역학에서는 어떤 물리계의 적절한 초기 조건이 모두 주어질 경우 그 계가 임의의 미래 시점에 어떤 운동 상태에 있는가를 정확하게 알 수 있다. 사람도 예외가 아니어서, 사람을 매우 복잡한 기계에 불과하다고 여기면(인간의 의식을 포함해서) 고전역학의 이 결정론적 세계관을 벗어나기 어렵다. 실제로 기계론적인 결정론은 20세기를 전후로 많은 논란을 불러일으키기도 했다. 그러니 초기 조건이 인간 운명을 결정한다는 것때문에 사주명리학이 비과학적이라고 비난 받는다면 다소 억울한 면이 있다.

물론 나는 사주가 과학적이라고 생각하지는 않는다. 그 이유를 들자면, 우선 정량적 분석이 없다. 정량적 분석은 아마도 동서양의 과학을 가르는 가장 중요한 기준이 아닐까 싶다. 가령 내 사주팔자에는 금金자가 많다고 한다. 그러나 금이 얼마나 많은지는 알려주지 않는다. 게다가 오행의 요소들이 서로 주고받는 관계, 그것들이 실제 우리의 신체나 심성이나 주변 사람들과 상응하는 관계의 인과성이 불확실하다. 그런데 만약 이런 약점들이 과학적으로 잘 보완된다면 의미 있는 통계 결과를 내놓을 수도 있지 않을까? 쉽게 생각해서 음양오행의 요소들을 정량화가 가능한 최소 단위의 인자들로 적절히 치환하는 것부터 시작할 수 있을 것이다.* 이를테면 수는 습도로, 화는 온도로, 금은 미네랄 성분으로, 토는 자기장으로, 목은 산소 농도 등

---

* 이런 관점을 환원주의reductionism라고 한다.

으로 말이다.

물론 이 다섯 가지만이 온전히 인간 태아 수정의 초기 조건을 결정하는 요소는 아닐 것이다. 그렇더라도 사주가 어떤 방식으로 작동해서 많은 사람들의 운명을 예언하는지를 알아보는 좋은 출발점은 될 것 같다. 분명히 이 다섯 가지 요소가 생명체의 탄생에 영향을 미치기는 할 테니 말이다.

비슷한 생각을 풍수에 대해서도 할 수 있다. 흔히 풍수라고 하면 조상 묘를 좋게 써서 후손들이 복을 받는 것으로만 생각하기도 한다. 대통령 선거가 있는 해이면 으레 후보들의 조상 묏자리가 흥미 있는 뉴스거리로 등장한다. 실제 노무현 전 대통령은 대선에 나서기 전 조상 묘를 옮긴 것으로 전해진다. 그러나 2007년 대선에서 같은 이유로 조상 묘를 옮긴 이회창 씨는 선전하긴 했으나 당선되지는 못했으니, 명당자리와 대권 향배 사이의 상관관계는 간단히 기각될 것 같다.

물론 이런 결론을 반박하는 주장도 있을 것이다. 묏자리를 봤던 지관들의 능력이 서로 달랐다고 할 수도 있고, 이명박 당선자의 훤칠한 기세가 워낙 드높아서 그 어떤 명당으로도 역부족이었다고 할지 모르겠다. 그러나 왜 조상 묘를 잘 쓰면 후손이 번성하고 대통령에 당선되는지 그 직접적인 인과관계를 해명하지 못한다면, 명당과 관련된 풍수는 영원히 미신의 음지에서 헤어나지 못할지도 모른다. 내 생각엔 이런 유의 인과관계가 과학적으로 검증 가능한 행태로 존재할 것 같지는 않다.

풍수를 조금 다른 각도에서 바라볼 여지는 있다. 가령 가장 단순한 배산임수背山臨水를 생각해보자. 배산임수란 집을 지을 때 뒤로는 산을 등지고 앞으로는 물을 가까이하라는 말이다. 전통 풍수에서는 음양오행을 산과 물에 대입하고 그 기운들의 어울림으로 배산임수를 설명한다. 인터넷을 검색해보면 이런 해설이 있다.

"산의 기운인 음陰과 물의 기운인 양陽이 서로 합해지는 곳으로, 산천의 생기를 북돋우어 만물이 잘 자라도록 한다."

산과 물이 인간생활에 필수적인 자원을 안정적으로 공급해주니까 배산임수는 과학적이고 합리적이라는 분석도 있다.

나는 여기서 한 걸음 더 나아가 배산임수를 인간생활의 기본 요소와 결부시켜 해석해봐야 한다고 본다. 전형적인 배산임수의 배치를 모형의 형태로 잘 정의한다면, 우리는 배산임수한 집으로 부는 바람의 방향과 양, 온도, 일조량, 습도, 산소, 먼지, 주변 생물 등을 시뮬레이션 해볼 수도 있을 것이다. 이 기본적인 배치에서 산과 물의 방향, 산의 높이와 크기, 물의 넓이와 깊이, 산과 물의 거리 등등 생각해볼 수 있는 각종 요소들을 조금씩 바꿔가면서 집에 부는 바람과 온도와 습도 등의 변화를 관찰하면 어떤 자리가 인간생활에 최적의 조건을 제공하는지 대략적인 형태를 가늠할 수 있다.

이런 논의를 조금 확대해본다면 역사 속에서 마주치는 풍수지리도 그 신비의 한 자락을 들춰볼 수 있지 않을까? 조선 건국 직후 수도를 어디로 정하고 왕궁을 어디에 앉힐 것인가를 놓고 개국공신들이 한

바탕 설전을 벌였다. 지금의 위치에 왕궁을 짓자고 주장한 정도전에 맞서 무학대사는 이렇게 반대했다.

"말씀드리기 황공하오나 백악을 주산으로 새로운 도읍지를 정하면 종묘사직이 200년을 넘기지 못할까 염려되옵니다."*

백악은 지금의 경복궁 뒷산이다. 무학대사는 이렇게 근거를 댔다.

"백악은 백골白骨을 의미합니다. 황토현黃土峴(지금의 광화문 사거리)에서 백악산을 바라보면 산 모양이 비틀어져 있어 왕위 계승이 장자를 비켜갈까 염려스럽고 흰 바위가 튀어나와 골육상쟁骨肉相爭이 있을까 두렵사옵니다."

산 모양이 비틀어진 것이 적장자 계승과 무슨 상관이 있을까 싶다. 흰 바위가 골육상쟁과 연결된 것도 문학적 비유에 불과할 뿐 아닐까? 여기서 조금만 상상력을 발휘해본다면 매우 재미있는 '과학적' 해석을 시도해볼 수도 있다.
주산의 좌우대칭이 깨져 있으면 그 때문에 왕이 거처하는 강녕전이나 왕후가 거처하는 교태전에 각종 자연 요소들 또한 비대칭적으로

---

* 이정근, 「태종 이방원 57」, 오마이뉴스.

영향을 미칠지도 모른다. 그 자연 요소에는 앞서 말했던 바람이나 습도 등이 모두 포함된다. 또 바위가 많이 드러나 있는 산과 숲이 우거진 산의 영향도 다를 것이다. 풍수에서는 바위를 통해 땅의 기운이 잘 발산된다고 하는데, 아마도 지구 자기장이 이와 관계가 있을 듯하다(물론 그 크기는 미약하겠지만).

이런 요소들이 적절하게 조합되어 경복궁에서 초산으로 태어나는 아기에게 좋지 않은 환경적 영향을 미친다고 가정할 수는 없을까? 가령 특정한 유전자를 가진 정자의 운동성이 독특한 환경 속에서는 떨어진다든지 혹은 배가된다든지 하는 식으로도 풍수가 새로운 생명에 영향을 줄 수 있다. 여기에 반항적 기질을 타고난다는 차남들이* 가세하면 빗나간 장자 계승이나 골육상쟁의 개연성을 높일 일종의 백그라운드를 밝혀낼지도 모른다.

왕궁 주변의 자연환경적 요소가 장자의 캐릭터에 어떤 영향을 미치는지 그 직접적인 인과관계를 밝히는 것은 매우 힘들고도 까다로운 작업이 될 것임에 분명하다. 현대의 첨단 의학조차 사람의 신체와 성격 형성에 어떤 요소들이 어떻게 영향을 미치는지 거의 아는 바가 없다. 이런 연구가 의미 있는 것인지를 가늠할 수 있는 방법은 경복궁과 비슷한 주변 환경에서 태어난 맏아들의 성격과 신체조건 등을 추적해보는 것이다. 이들 사이에 무언가 무시 못할 상관관계를 보게 된

---

* 최근 발간된 『타고난 반항아』는 이 점을 잘 드러내고 있다.

다면 적어도 우리는 풍수가 한낱 미신에 불과하다는 생각을 잠시 거두어야 하지 않을까?

물론 그렇다고 풍수의 영향이 조선의 운명에 결정적이었다고는 생각하지 않는다. 진정한 과학자의 자세는 그 영향이 있다면 어느 정도일 것이며 없다면 어느 정도 없는지를 정량적으로 제시하는 것이다.

과학이 말할 수 있는 풍수의 문제

요즘 유행하는 풍수 인테리어도 마찬가지다. 여기서 나오는 주장 중 하나가 현관문에 들어섰을 때 집 안 거실이 한눈에 다 들어와야 한다는 것이다. 현관문을 벽이 막고 있거나 그 벽에 거울이 있으면 오던 복도 달아나고 집 전체에 기가 통하지 않는다고 한다.

거실에서 소파 및 TV의 위치도 기본적으로 이 원리에 따라 배치하는 게 좋다고 한다. 풍수에서는 소파에 앉았을 때 현관문이 앞쪽으로 나 있는 집을 권한다. 좋은 기운은 현관문을 통해 들어와 온 집 안으로 퍼지기 때문이란다. 즉 소파에 앉아 TV를 보는 곁눈으로 현관 쪽이 보이면 좋은 배치이다. 내가 다녀본 몇몇 집들은 이와 정반대인 경우도 있었다. 물론 그 집에 사는 분들이 상대적으로 불운하거나 박복한지는 알 길이 없다. 또한 모든 집의 거실 구조를 이 원리 그대로 적용하기는 힘들다.

풍수에 따른 배치가 행운을 불러들이는지를 과학적으로 검증하기란 쉽지 않아 보인다. 행운이 무엇인지를 정량적으로 규정하는 문제부터 어렵다. 그렇더라도 이 문제 역시 배산임수처럼 인간 생존의 기본 요소들로 분해해서 생각해보면 단서를 찾을 수 있을지도 모른다. 우선 풍수에서 말하는 대로 거실과 현관이 일자로 통하는 집은 공기의 유통이 원활하다. 흔히 "맞바람이 쳐야 시원하다"고 하는데, 마주 보는 창문과 출입문이 모두 열려 있으면 확실히 바람이 많이 드나든다. 한쪽만 열려 있으면 내부에 갇혀 있는 공기의 압력 때문에 집 안의 공기 유통이 쉽지 않다. 현관이 막혀 있으면 아무래도 자연스러운 공기의 흐름을 기대하기 어려울 것이다.

집 안의 원활한 환기는 실내 미세먼지 농도나 이산화탄소 농도에도 큰 영향을 미친다. 쾌적한 공기는 가족의 신체 건강뿐만 아니라 정신적인 스트레스 해소에도 도움이 된다. 또한 이렇게 탁 트인 실내 구조에서는 아무래도 현관문을 들락거리는 가족들끼리 서로 눈을 마주칠 가능성이 훨씬 높지 않을까? 이 모든 과정도 배산임수와 마찬가지로 다양한 가능성을 시뮬레이션 해봄으로써 사람이 거주하기에 적절한 거실 구조와 그렇지 않은 구조를 구분할 수 있을 것이다.

아마도 과학이 할 수 있는 일은 여기까지인 것 같다. 즉, 집의 구조가 그 내부의 공기 흐름에 미치는 영향은 분명 과학의 영역이다. 또한 좋은 공기와 가족의 건강 사이의 상관관계는 의학의 문제로 환원된다. 아마 가족들끼리 눈을 마주치는 시간이 많으면 많을수록 가족 간의 친밀도도 높아질 것이다. 이것은 심리학이나 생물학의 영역에서 다룰 수 있다. 가족의 건강과 가족 간의 높은 친밀도가 그 가정의 행운인가 복인가 하는 문제는 과학의 손을 벗어난다. 이 단계에서는 사회적 통념과 가치관, 특정 시대 그 사회의 가치체계 등이 개입할 수밖에 없다. 하지만 배산임수라는 초기 조건과 좋은 집터라는 최종 결과 사이에, 그리고 거실 구조와 가족의 행복 사이에 과학적 설명이라는 하나의 징검다리가 생긴 것은 분명하다.

사주와 풍수의 모든 것이 과학적으로 규명되기는 불가능하다. 또한 그러리라고 기대하지도 않는다. 그렇다고 해서 사주와 풍수가 과학적 분석의 대상이 되지 말라는 법도 없다.

사주가 음양오행이라는 천문의 원리를 인간 운명과 결부시킨 체계라면 풍수는 지리적 공간에 대한 동양학적 해석이다. 동양학이 인간 자체에 곧바로 적용되면 한의학에 이른다. 한의학을 과학이라 할 수 있는가 하는 질문에 답을 내기는 참 어렵다. 의학이 꼭 과학일 필요는 없지만, 과학이 객관성이라는 잣대로 사회를 지배하고 있는 한 이 질문은 늘 제기될 수밖에 없다. 양의학을 하는 이들은 이 질문에 부정적인 생각을 가질 수 있다. 하지만 그들도 한의학의 효과마저 인정하지 않는 것은 아니다. 우리나라 의료 체계가 양방-한방으로 이원화되어 있는 것도 그 이유 때문이다.

한의학은 대학에서 가르치는 학문이면서 국가 의료 체계의 한 축이다. 요즘은 한의학도 침과 뜸을 넘어 질병의 진단에서 엑스레이와 같은 양의학의 요소를 흡수하거나, 아니면 전통 한방을 기계화·자동화시켜서 과학의 모습에 많이 가까워지고 있는 것도 사실이다. 사주나 풍수도 한의학처럼 과학과의 거리를 조금만 더 좁힌다면 한의학이 지금 누리는 지위만큼은 아니더라도 좀더 나은 대접을 받을 수 있지 않을까.

정치 · 외교에도 과학이 필요하다
정량화와 모형화, 그리고 시뮬레이션

과학이란 도대체 무엇인가, 무엇이 과학을 과학답게 하는가라는 질문에 아직 명확한 대답은 없다. 과학 자체는 매우 잘 정의되고 가장 성공적인 학문이라 할 수 있지만 '과학의 과학'을 과학 내에서 정의하기는 어렵다. 그렇더라도 과학의 몇 가지 두드러진 특징들, 과학의 방법론들을 생각해볼 수는 있다. 이것을 과학 이외의 영역, 이를테면 정치나 외교, 군사 등에 접목하거나 활용할 수는 없을까?

과학의 성과를 정치나 외교 분야가 활용하거나 아예 정치·외교의 모든 부분을 과학으로 환원한다든지 하는 시도도 생각해볼 수 있다. 그러나 단순한 활용은 두 분야의 기계적 결합 이상의 의미를 가지기 힘들다. 더욱이 정치나 외교 등 사회의 다양한 분야는 결코 다른 무엇으로 환원될 수 없는 본질적 요소들을 간직하고 있다.

과학이 과학이 무엇인가를 잘 모르거나 알 수 없다고 하더라도 그 몇몇 단초들을 포착하여 과학 이외의 분야에 화학적으로 훌륭하게 결합시킬 수는 있다.

과학을 과학답게 만드는 방법론 중에서도 정량화와 모형화는 특히 중요하다. 정량적 분석은 동양의 철학이나 과학에 비해 서양의 근대과학이 성공을 거둔 가장 큰 이유 중 하나로 꼽힌다. 과학모형은 자연현상을 설명하기 위한 일종의 추상화된 논리 덩어리다.

정량화는 특히 디지털과 깊은 관련이 있다. 디지털 정보는 무엇이든 0과 1의 조합으로 바꾼다. 아날로그적인 소리나 영상, 그 외 어떤 것도 숫자로 바꾸어 재생과 조합과 전송과 복사를 자유자재로 구사한다. 이때 그 정보의 실체를 어떤 형태로든 정량화하지 않으면 디지털화할 수 없다. 이렇게 디지털화된 정보는 다시 각종 정보처리 기술의 도움을 받아 새로운 형태의 정보와 가치를 만들어낸다. 특히 대량의 디지털 정보를 손쉽게 처리함으로써 직관적으로 파악하기 힘든 현상의 본질을 밝혀내는 데에 큰 도움을 준다. 한 걸음 더 나아가 현실에서는 검증해보거나 시도하기 힘든 실험도 시뮬레이션을 통해 얼마든지 구현할 수 있다.

과학 자체도 물론 이런 과정을 충실히 따른다. 현재 진행 중인 가장 큰 프로젝트인 유럽의 대형강입자충돌기LHC, Large Hadron Collider 같은 가속기 실험이 대표적인 예다. 과학자들은 자신에게 유용한 물리량들(에너지, 질량, 운동량 등등)을 이미 정량적으로 잘 정의해왔다. LHC에서 모이는 데이터 양은 매초 700메가바이트에 달한다. 1년간 쏟아지는 데이터를 CD에 담아 차곡차곡 쌓으면 그 높이가 무려 20킬

대형강입자충돌기

로미터쯤 된다(DVD로는 약 10만 장이다). 이 모든 데이터를 직접 분석하기 전에 과학자들은 몬테카를로MC, Monte Carlo 시뮬레이션을 먼저 한다. MC를 통해 과학자들은 예상되는 배경 효과와 유의미한 시그널의 위치 등을 미리 파악할 수 있다. 실제 데이터를 분석한 결과는 기존의 과학 모형 틀에서 해석되고, 만약 그 모든 시도가 실패하면 새로운 모형을 만든다.

▌언론사는 왜 과학적이지 않은가

언젠가 한 인터넷 언론사에 정량화와 디지털화를 적극적으로 도입할 것을 건의한 적이 있다. 2007년 7월부터 그다음 해 6월까지 한 매체의 외부 편집위원으로 활동할 때의 일이다. 이 매체는 회원들이 보낸 글(기사)을 편집부에서 검토하여 기사 등급(크게 4단계)을 매기고 그에 따라 인터넷에 해당 기사를 배치했다. 회원들의 일상적인 불만 사항 중 하나는 자신의 기사 등급이 왜 낮은가 하는 것이었다(여기에 대해서는 편집부가 의견을 달리할지도 모르겠다). 그 매체도 이 문제를 해결하기 위해 다양한 프로그램을 운영하고 있었다. 문제는 처음 기사 등급을 매기는 과정이나 사후 문제 해결과정 모두 아날로그적이라는 것이었다.

편집부에서는 회원의 기사를 다 읽고 종합적으로 판단한 뒤 "이 기사는 1등급" 하는 식으로 판정을 내렸다. 그 매체가 운영하는 몇몇 오프라인 프로그램에서는 회원들의 기사 쓰는 능력을 향상하기 위한 교육과정도 꽤 갖추고 있다. 이 과정을 들여다보면 편집부가 어떤 기준에 따라 종합적인 판정을 내리는지 알 수 있다. 그 기준에는 기사의 시의성, 내적 일관성, 문장의 완결성, 논리 정합성, 기사 적합성, 형평성, 전문성, 희소성 등이 포함된다.

2008년 1월경 어느 회의에서 나는 이 평가 요소들을 점수제로 바꿔 항목별로 채점하고 그 결과를 종합해 기사 등급을 결정하자는 제안을 했다. 말하자면 기사 등급 판정을 디지털화하자는 것이었다. 사실 네티즌의 추천 점수에 따라 배치 등급을 결정하는 시스템을 일부 도입하고 있기는 했다. 그러나 한 기사를 놓고 여러 항목에 걸쳐 점수를 매기고 이것을 종합해서 등급 판정을 내리는 시도는 거의 없었던 것으로 알고 있다.

물론 나는 모든 결정을 점수제에 맡길 수 있다고 생각하지는 않았다. 편집부의 고유 권한 영역은 어떤 형태로든 보장되어야 한다. 예컨대 같은 등급이라도 세부적인 배치나 노출까지 이런 식으로 정하기는 너무 번거롭다. 특히 톱기사로 무엇을 내보낼 것인가는 편집부의 최종적이고 종합적인 아날로그적 판단이 존중되어야 한다.

그럼에도 나는 기사 등급 판정의 디지털화를 통해 그 과정이 투명해지고 효율적으로 될 것이며, 일반 회원들에게 이해를 구하기도 훨씬 수월하리라고 생각했다. 기존의 체계에서는 자신의 기사 등급에 불만을 가진 회원이 내부 게시판에 글을 올리거나 편집부에 전화를 걸어 이의제기를 할 때, (1) "왜 나의 기사가 그 등급인가?"라는 질문을 먼저 한다. 이에 대한 편집부의 답변은 대체로 앞서 말했던 등급 판정 기준 요소들과 연동되는 경우가 많다. 예를 들면 "당신의 기사는 시의성이 좀 떨어집니다"라든가 "기사 내용의 형평성에 문제가 좀 있습니다" 혹은 "논리적 비약이 좀 심하군요" 하는 식이다. 이렇게 되면 이제 이의 제기한 회원이 비로소 (2) "왜 나의 기사에서 그런 저런 요소들이 부족한가?"라는 질문을 던질 수 있다.

만약 기사 등급 판정이 디지털화되고 그 결과가 어떤 형태로든 공개된다면 일반 회원은 자신의 기사가 왜 그런 등급을 받았는지 한눈에 알 수 있다. 따라서 이의 제기를 하더라도 (1)의 과정은 생략된다.

또한 이 판정 결과가 다른 회원들에게 공개된다면(물론 그 여부는 해당 회원의 동의가 있어야겠지만) 편집부의 판단을 여럿이 평가할 기회도 가질 수 있다.

이러한 제안에 대해 편집부의 의견은 대체로 부정적이었다. 가장 큰 이유로 두 가지를 들었다. 첫째, 회원들이 자신의 기사가 수치로 환산되는 것을 오히려 싫어할 것이다. 둘째, 수치화 자체가 객관성을 담보하지는 않는다. 특히 두번째 이유에는 기사 등급 판정이라는 과정 자체가 결코 숫자로 점수 매겨질 수 없고, 설령 누군가 그렇게 하더라도 그 점수가 숫자라는 이유만으로 더 객관적인 등급 판정이 될 수는 없다는 설명이 뒤따랐다.

나는 기사 등급 디지털화를 통해 등급 판정이 이전보다 훨씬 더 객관화될 것이라고 말한 게 아니라, 판정을 내리는 사람의 주관적인 판단 결과가 객관적인 자료로 남게 되며, 이것이 가장 큰 장점이라고 강조했다. 첫번째 이유는 실제 새로운 제도를 일부 시행하거나 여론 수집을 해보지 않으면 알 수 없었다. 나는 첫번째 이유가 설령 타당하다고 하더라도 등급 판정의 디지털화를 통해 더 큰 것을 얻을 수 있다고 생각했다. 편집부가 독점한 편집권의 일부를 일반 회원들이 공유할 수 있기 때문이다. 가령 일반 회원 몇몇을 기간제 편집위원으로 선발하여 직접 기사 등급 판정에 참여시킬 수 있다. 이는 등급 평가의 디지털화 없이는 현실적으로 불가능하다. 나는 편집권의 확대야말로 인터넷 매체의 새로운 전범을 만드는 데에 결정적인 요소라고 생각했다. 하지만 편집부는 자신들이 독점하고 있는 편집권의 확대에는 별 관심이 없는 듯했다. 나의 제안은 그렇게 묻혔다.

과학화 전투훈련이 이뤄낸 것

디지털의 총아에서 먹고사는 사람들이 더 많은 디지털화(정량적 분석)에 거부감을 나타내는 이 역설적인 현상에 나는 적잖이 당황했다. 아마도 다른 분야에서는 그 거부감이 훨씬 더하리라고 짐작할 수 있었던 게 그나마 얻은 큰 교훈이었다. 생각을 한두 단계 확장시키면 곧바로 국가 단위까지 쉽게 옮겨간다. 한 국가가 정상적으로 작동하기 위해서는 국방과 외교라는 핵심 요소가 제대로 기능해야 한다. 국방과 외교에서는 정량화와 모형화가 가능할까? 가능하다면 어떤 형태로 가능할까?

한 가지 좋은 예가 현재 육군에서 운영 중인 육군 과학화 전투 훈련장Korea Combat Training Center, KCTC이다. 강원도 인제에 있는 KCTC는 대대급 군 병력이 실제 전투를 체험할 수 있는 훈련장이다. 훈련을 받으러 온 부대에게는 '마일즈MILES, Multiple Integrated Laser Engagement System, 다중통합레이저 교전체계'라는 장비가 지급된다. 마일즈 장비는 레이저를 쏘거나 감지한다. 소총에 실탄을 넣어 훈련하는 대신 마일즈 장비를 부착하고 공포탄을 넣는다. 사격을 하면 총소리와 함께 레이저가 발사된다. 병사들은 자신의 몸 곳곳에 마일즈 장비를 부착한다. 이 장비는 발사된 레이저를 감지해서 경상, 중상, 사망을 판정해 표시한다. 소총뿐만 아니라 지뢰나 포격, 전차 등도 레이저를 발사한다. KCTC에는 훈련부대에 맞서 대항군이 있다. 대항군은 전문적으로 양성된 부대로 훈련부대를 대상으로 한 일종의 스파링 파트너인 셈이다. 2005년 KCTC가 문을 연 이후 대항군은 압도적인 전적으로 훈련군을 이겼다.

이 모든 전투 상황은 실시간으로 훈련통제 본부로 전해진다. 모든 전투 병력의 위치와 움직임은 물론 전투 행동 하나하나가 일일이 다 보고된다. 누가 누구에게 어떤 공격을 가했고 누가 누구의 총에 맞아 어떤 정도로 부상을 입었는지 낱낱이 드러난다.

실전 같은 훈련의 결과와 성과는 상상을 초월하는 것이었다. 예컨대 병사들의 사망률은 물론 각급 지휘관의 사망률도 구체적으로 알

정량화를 이끌어낸 육군 과학화 전투 훈련장.

수 있다. 한 자료에 의하면 지휘관의 사망률이 일반 사병의 사망률보다 훨씬 높아 전투 상황에서 지휘 체계상의 혼란으로부터 발생하는 피해가 막심했다. 반면 대항군은 지휘관이 사망하더라도 권한의 승계가 비교적 순조롭다. 북한의 이른바 '전군의 간부화'가 실전에서도 큰 힘을 발휘하는 셈이다. 그 밖에 주야간별, 공격·방어 시의 희생률이나 아군 간 오인 사격 등에 대한 자료도 얻을 수 있다.

KCTC에서는 실제 전장에서나 가능한 각종 통계 자료들을 제공해 준다. 뿐만 아니라 그 결과를 다시 새로운 훈련에 적용할 수도 있다. 훈련이 거듭될수록 훈련군의 어이없는 사망률이 낮아지는 추세는 KCTC의 큰 성과 가운데 하나다. 군부대 안에서 교본과 말로만 때우던 훈련이 실전과는 얼마나 동떨어진 '삽질'인지가 극명하게 드러났다. KCTC는 미국의 과학화 훈련단NTC, National Training Center을 본떠 만들었다. 지금은 대대급 병력만 수용 가능한데 곧 여단급 병력이 훈련할 정도로 규모가 커진다고 한다.

KCTC를 '과학화' 전투 훈련장이라고 명명한 것은 눈여겨볼 만하다. 과연 KCTC의 무엇이 '과학'과 관련 있을까? 나는 가장 핵심적인 요소로 '정량화'를 꼽고 싶다. KCTC가 성공한 중요 요소 가운데 첨단 장비의 역할도 크지만, 그 장비들과 전체 체계를 구성하는 근간에는 교전 때 각 병력이 입는 피해 정도에 대한 정량적 설계가 자리 잡고 있다. 언뜻 보기엔 경상-중상-사망 등으로 피해 정도를 분류한 것이 뭐가 그리 대단할까 싶다. 그런데 바로 이 조그만 차이가 때로는 과학과 비과학을 가른다.

한국적인 마인드는 "총에 맞았다"가 중요하지 그 정도가 얼마인지는 별로 신경 쓰지 않는다. 총에 맞아 다친 정도를 어떻게 수치로 표현할 수 있겠는가 반문하는 사람도 있을 것 같다. 그러나 이 단계를 넘지 않으면 KCTC는 성공할 수 없다. 언뜻 보기엔 마일즈라는 장비와 이를 통해 통제 본부로 실시간 전송되는 데이터는 눈이 현란할 정도지만, 그렇게 집중되는 데이터가 현실의 전장을 잘 묘사하지 못한다면 아무런 의미가 없다. 과학적으로 훌륭한 모형이 아니라는 얘기다.

현실에서는 총에 맞은 사람의 부상 정도를 단절적인 몇 단계로 나누거나 그에 해당하는 수치를 대응시키는 것이 엉성하고 무의미할지도 모른다(누군가는 경상이나 부상에도 얼마나 많은 종류가 있는지 설명하려 들 것이다). 그러나 현실을 모사하기 위해 모형을 만들고 이를 통해 시뮬레이션을 해보고 자료를 모아 새로운 정보를 얻고자 한다면 정량화는 피할 수 없다. 문제는 그 정량화의 과정이 얼마나 믿을 만한가, 현실과 얼마나 가까운가, 전반적인 체계가 논리적인 일관성을 얼마나 유지하고 있는가 하는 점들이다. 이는 과학적 분석의 과정과 근본적으로 다르지 않다.

KCTC가 아무리 성공적이라고 하더라도 실제 전투에서 슈퍼컴퓨터가 전장의 모든 상황을 종합해 어떤 판단을 내리는 일은 없을 것이다. 전쟁에서 혹은 전투에서 과학으로 환원되지 않는 요소들은 분명히 존재한다. 그렇더라도 KCTC의 예에서 보듯이, 과학적 방법론과 그 성과들이 적절하게 도입되면 군 지휘관들이 상황을 파악하고 판단을 내리는 데에 결정적인 도움을 얻을 수 있을 것이다.

북한 군대가 정말 한국보다 뛰어날까?

KCTC의 교훈을 좀더 넓힐 수는 없을까? 물론 얼마든지 있다. 대한민국은 중국-대만과 함께 거의 세계 유일의 분단국이라 할 수 있다. 남북한을 통틀어 200만의 군대가 휴전선 155마일에 대치하고 있다. 북한과의 군사적 대치는 분명 남한에게 가장 큰 군사적 위협이다. 이 때문에 우리는 연간 20조 원에 달하는 막대한 국방비를 투자하고 있다. 정치사회적으로 문제가 생기면 예외 없이 친북이니 빨갱이니, 북한의 위협이니 하는 말들이 지난 반세기 동안 한국사회를 지배해왔다. 이 논리의 밑바탕에는 북한의 군대가 남한의 군대보다 우세하다는 판단이 깔려 있다. 남한군만으로는 북한의 전쟁 기도를 억지하지 못한다는 논리가 주한미군의 가장 큰 존재 이유다. 그렇다면 한번 이렇게 질문해보자.

"정말 그런지 어떻게 알지?"

국방부나 언론들은 지난 50년간 북한군이 우세한 이유를 병력과 군장비의 수적 우위에서 찾았다. 숫자놀음은 그 자체로 수치화나 정량화이므로 언뜻 과학적으로 보인다. 하지만 당장 의문이 생긴다. 그렇다면 KCTC가 도대체 무슨 소용일까? 훈련군과 대항군의 병력 수와 확보한 무기만 비교하면 될 것을, 왜 그렇게 엄청난 돈을 들여 훈련장을 만들어서 병사들을 훈련시키는 것일까?

사실 대부분은 이 우스개 같은 질문의 답을 알고 있다. 숫자와 더불어 각자가 보유한 장비의 성능을 함께 생각해야 하기 때문이다. 여기서 문제가 복잡해진다. 어떤 이들은 여전히 남한군이 북한군에 밀린다고 주장한다. 그런 이유로 국방력을 더 강화해야 하고 주한미군 또한 여전히 주둔해야 한다고 말한다. 반대로 또다른 이들은 남한군만으로도 이미 충분히 전쟁 억지력이 있다고 주장한다. 즉 주한미군의 원래 주둔 목적은 사라졌다고 말한다. 이런 논란은 지난 노무현 정부 시절 전시작전통제권(전작권)을 한국이 미국으로부터 환수할 일정을 정하면서 더욱 커졌다.

만약 국방부에서 정말로 믿을 만한 전쟁 시뮬레이션을 여러 차례 해보았다면, 그리고 그 결과를 솔직하게 공개했더라면 남북한의 군사력 차이에 대한 항간의 논란은 이미 가라앉았을 것이다. 나는 아직까지 한국 정부가 신뢰성 높은 전쟁 시뮬레이션을 해볼 만한 역량이 부족하다고 본다. 그 때문에 남북한 군사력 격차나 전쟁 억지력은 항상 뜨거운 이슈일 수밖에 없다. 지금까지 언론에서 공개한 한반도 전쟁 시뮬레이션은 미국의 작품이었다. 1994년 핵 위기가 발생했을 때 클린턴 행정부는 북한의 영변 핵시설 폭격 일보 직전까지 갔었다. 카터 전 미국 대통령이 방북함으로써 김일성 주석과 극적인 담판을 짓고 급기야 제네바 합의를 이끌어냈다. 그때 미국에서 영변 폭격을 검토하며 시행한 전쟁 시뮬레이션에 의하면 개전 초기 3개월 내 미군 5만 명 사망, 한국 민간인 100만 명 사망이라는 결과가 나왔다고 한다. 지금 이라크 전에서 3천 명 정도의 미군이 사망한 것으로 부시 행정부가 곤욕을 치르는 점을 감안한다면 미국으로서는 미군 5만 명 사망을 받아들이기가 쉽지 않았을 것이다.

남북한의 군사적 대치가 국가 안보의 근간에 큰 영향을 미치는 상황에서 독자적으로 전쟁 시뮬레이션조차 제대로 해보지 못한 데에는 여러 가지 이유가 있겠지만, 국가 안보를 과학적으로 분석하고 그에 따라 대처할 마인드가 없었던 것도 큰 이유이다. 북한의 재래식 전차와 한국의 최신 전차가 맞붙었을 때 과연 그 수적 열세를 극복할 수 있을지, 북한의 미그기와 한국의 F-15, F-16이 맞붙으면 어떠할지, 그 모든 병력이 집결하여 전면전이 발생했을 때 전쟁의 양상이 시간에 따라 어떻게 진행될지, 주한미군이 있을 경우와 없을 경우 어떤 차이가 있을지, 이런 의문들을 우리 스스로가 해명하지 못하면서 국방을 말한다는 것은 어불성설이다. 지금 던진 질문들은 예컨대 KCTC의 정신을 조금만 더 확대하면 만족할 만한 답변을 얻을 수 있다.

어쩌면 전작권을 6·25 이후 돌려받지 못한 상황에서 우리 군 스스로가 전쟁에 대비한 작전 계획을 수립하는 능력을 반세기 동안 거세당한 상황이 국방의 과학화를 가로막아왔는지도 모르겠다. 그러나 전쟁 억지력이 국가 생존에 필수불가결한 요건인 나라에서, 아무리 한계 상황이 존재해도 그것을 극복하기 위해 필사적으로 노력을 기울이지 않는다면 이는 국가안보를 포기하겠다는 말과 다르지 않다.

과학적이고 믿을 만한 전쟁 시뮬레이션은 무엇보다 국내의 쓸데없는 논란을 불식시킬 것이다. 그 결과에 모두가 수긍할 수 없다 하더라도 논란의 핵심은 예측 체계의 합리성이나 그 구체적인 요소들에 대한 세밀한 평가로 옮겨가게 된다. 이에 따라 새로운 논란은 생산적인 토론으로 이어져서 보다 나은 시뮬레이션과 예측 시스템을 구축하는 데에 도움을 줄 것이다. 또한 과학적인 시뮬레이션을 통해 제한된 국방 예산을 아주 효율적으로 재분배할 수 있다. 새로운 무기 체계를 도입할 때도 우선순위를 정하거나 적정 액수를 책정할 때 중요한 참고 자료가 될 것이다.

국가 간 갈등은 과학적으로 분석되어야 한다

지난 반세기 동안 정부는 줄기차게 북한으로부터의 위협을 강조해왔지만, 정작 북한의 위협을 과학적이고 효과적으로 막아내기 위해서 무엇을 했던가 되묻지 않을 수 없다. 혹시 관습에 얽매여 주먹구구식으로 국방을 운영해오지는 않았을까? 중요한 판단과 결정은 미국에게 맡겨두기만 하진 않았을까? 휴전선에 배치된 북한의 장사정포와 다연장 로켓포는 서울을 사정권에 두고 있으며 그 숫자만 무려 2300여 문에 달한다. 과연 전쟁이 일어났을 때 수도권 시민들을 안전하게 대피시킬 계획을 정부는 가지고 있을까? 보통 때도 자주 막히는 서울의 주요 도로를 생각해보면 전쟁 같은 비상 사태에서 천만 인구가 갑자기 피난길에 올랐을 때의 교통대란은 끔찍하기 이를 데 없을 것이다. 이런 상황도 과학적으로 시뮬레이션을 해보고 대책을 세워놓아야 하지 않을까?

그와 관련해 최근 국내 기업에서 '시나리오 플래닝' 기법을 대거 도입하고 있다는 반가운 뉴스가 들린다. 시나리오 플래닝이란 가까운 혹은 먼 미래에 일어날 일을 시나리오를 기반으로 예측하고 이에 대한 대비책을 세우는 것이다. 물론 시나리오를 어떻게 쓸 것인가, 쓰여진 시나리오의 타당성을 어떻게 판단할 것인가의 문제까지 섬세하게 디자인된 경영혁신 프로그램이다. 모든 것이 가변적인 상황에서 미래에 대한 예측이 갈수록 어려워지는 현실이, 가상 시나리오를 통해 위험이 적은 쪽으로 대처하도록 인간들을 이끌고 있다.

외교와 군사는 동전의 양면과 같다는 점에서, 누군가가 KCTC의 '과학화 정신'을 외교나 통상 분야까지 대폭 넓힐 욕심을 가진다고 해서 무리는 아닐 것이다. 국제사회에서 흔히 일어나는 국가 사이의 갈등 상황을 과학적으로 분석하고 그 속에서 공통의 이익을 추구하고자 했던 토머스 셸링*의 노력은 대표적인 사례로 꼽힌다. 미국, 일본, 중국, 러시아의 4대 강국에 둘러싸여 있으며 국제교역으로 먹고 사는 한국으로서는 국방과 더불어 과학적인 외교를 지향하지 않고서 그 생존을 보장받기 어렵다.

---

* 2005년 노벨 경제학상 수상자.

게임이론으로 분석한 미국산 쇠고기 협상
수학 이론이 말하는 성공적인 위협

2008년 여름의 대한민국은 미국산 쇠고기 수입 논란으로 뜨거웠다. 광우병 발생국인 미국에서 쇠고기를 들여오는 문제는 전통적으로 한미 사이에 있던 외교 문제, 통상무역의 문제, 국민 건강권의 문제 등이 뒤얽히며 한국사회에 격렬한 진통을 안겨줬다.

미국산 쇠고기 수입 협상과정을 게임이론의 틀에서 분석해보면 어떨까? 외교 영역이란 당연히 과학으로 환원되지 않는 본원적 성질이 있겠지만, 그럼에도 과학적 방법론의 적용이 외교와 통상 문제를 살펴보는 데에 도움이 되는 것은 부정할 수 없는 사실이다.

협상의 과학적 조건에 대한 고찰

이명박 대통령이 미국을 방문 중이던 2008년 4월 18일 미국과의 쇠고기 협상이 타결되었다. 단계적으로 개방할 것이라던 원래의 발표와는 달리 4월 24일 미 식약청이 강화사료 금지 조치를 발표함으로써 미국산 쇠고기가 전면 개방된 것이다. 정부 당국은 최선을 다한 협상이었다고 했고 이명박 대통령은 값싸고 질 좋은 고기를 먹을 수 있어 도움이 된다고 했다. 대통령은 쇠고기 협상이 미국과의 FTA와는 무관하다고 했지만, 언론에서는 정부 관계자의 말을 인용하여 이번 쇠고기 협상 타결이 미국 의회의 FTA 비준에 큰 압력으로 작용할 것이라고 기대했다.

과연 이번 협상은 잘된 협상일까? 한국은 경제력에 걸맞은 대외 협상력을 가지고 있는 것일까. 여전히 적지 않은 국민들은 한국이 주먹구구식으로 중요한 협상을 벌인다고 생각한다. 왜 그럴까? 여기서는 이 의문을 해결할 실마리를 찾기 위해 쇠고기 협상을 게임이론의 관점에서 간략하게 분석해보려고 한다.

게임이론은 상호간의 이해가 상충하는 상황에서 각 참가자들이 최적의 결과를 얻기 위해 어떤 선택을 해야 하는가에 대한 수학 이론이다. 이른바 '치킨런 게임(마주보고 차를 몰아 먼저 핸들을 돌리는 쪽이 지는 게임)'이나 '죄수의 딜레마'가 잘 알려진 사례다.

복잡다단한 현실을 게임이론으로 분석하기 위해서는 여러 가지 상황을 단순화시켜야 한다. 특히 게임 참가자들은 충분히 이성적이고 자신의 이익을 최대화하기 위해 가장 합리적인 선택을 한다고 가정한다. 이를 위해 필요한 정보들이 충분히 제공되고, 필요하다면 상호간의 의사소통도 원활히 이루어진다는 가정도 뒷받침되어야 한다. 이런 제한 조건들이 없거나 우연적인 요소들이 많이 개입하게 되면,

2008년 타결된 한미 간 쇠고기 협상

 그 모형이 현실에 가깝기는 하겠지만 최대의 이익을 얻기 위한 최적화된 행동의 선택이라는 수학적인 해를 얻기란 무척 어렵다. 이 과정에서 무리한 가정이 개입할 여지도 있지만 이는 모든 모델에서 감수해야만 하는 대가이다.
 먼저 이명박 대통령은 이번 쇠고기 협상이 한미 FTA와 무관하다고 했지만 각 언론에서 의지하고 있는 정부 고위 관계자의 말로는 쇠고기 협상과 FTA는 연계된다. 애초부터 쇠고기 개방은 한미 FTA를 위한 선결 조건 중 하나였다. 여기서는 상황을 매우 단순화시켜 한국은 미국산 쇠고기를 수입한다/안 한다는 두 가지 선택의 가능성을, 미국은 한미 FTA를 비준한다/안 한다는 두 가지 선택의 가능성을 가지고 있는 것으로 가정한다.

이 상황을 도표로 나타내면 〈표 1〉과 같다. 괄호 안의 숫자는 각각 해당 선택에 대한 한국과 미국의 이익을 나타낸다. 쇠고기 수입을 하지 않고 FTA가 비준되지 않으면(즉 D의 경우) 아무 일도 없던 상황이 되므로 이때의 이득값을 각각 (0, 0)으로 정한다.

그리고 FTA가 체결되었을 때 한국이 얻는 이득을 100으로 잡자(이 부분에서도 논란이 많겠지만 FTA를 추진하는 정부의 입장을 반영했다). 한국이 FTA로 100의 이익을 얻을 때 미국은 얼마의 이득을 얻을 것인가는 참으로 복잡하고 어려운 문제다. 그러나 대략 미국 경제가 한국의 열 배 이상인 점을 감안해서 미국의 이득을 10으로 보았다. 즉, 한미 FTA가 한국 경제에 미치는 영향을 100으로 보았을 때 미국 경제에 미치는 영향은 그 10분의 1로 본 것이다. 이것은 단순한 모델링이다.

		미국의 결정	
한국의 결정		FTA 인준	FTA 거부
	쇠고기 개방	A	B
	수입 거부	C (100, 10)	D (0, 0)

〈표 1〉 쇠고기-FTA 협상 상관표: 모든 협상이 결렬되었을 때(D의 경우)의 이해득실을 (0,0)이라 하고 FTA에 의한 한국의 상대적인 이득을 100, 미국의 상대적 이득을 10이라고 했을 때의 이해득실. 여기서 (x, y)=(한국의 이익, 미국의 이익)

이제 쇠고기 수입의 효과를 생각할 차례다. 여기서도 논란이 많을 듯하다. 대통령은 이익이라고 말하지만, 아마도 그것은 총체적이고 결과적인 이익일 것이다. 값싼 수입 소가 들어오면 한국 시장을 점령

할 것이 뻔하므로 분명 그 자체로는 손해다. 이 손해 정도를 50이라고 보자(이 또한 모델링이다. 정말로 어떤 수치가 정확한지는 경제학자들이 보다 엄밀하게 계산해야 한다). 이로 인한 미국의 이득 역시 한국이 손해 보는 정도의 10분의 1이라고 하자. 그러면 B항에서의 이해득실은 (-50, 5)가 된다. 이때 쇠고기도 개방하고 FTA도 승인된 경우(A)의 이해득실은 B와 C의 이해득실을 합한 것과 같다. 이를 정리하면 각국의 이해득실은 〈표 2〉와 같다.

		미국의 결정	
		FTA 인준	FTA 거부
한국의 결정	쇠고기 개방	A (50, 15)	B (-50, 5)
	수입 거부	C (100, 10)	D (0, 0)

〈표 2〉 쇠고기 수입의 효과: 한국이 미국산 쇠고기를 수입했을 때의 손해를 감안한 이해득실.

이제 각국이 어떤 선택을 할 것인지 생각해보자. 미국은 한국이 어떤 선택을 하더라도 FTA를 비준하는 쪽이 이득이다. 한편 한국은 미국이 어떤 선택을 하더라도 쇠고기 수입을 거부하는 쪽이 이득이다. 따라서 양자가 각자에게 유리한 선택을 하면 그 결과는 C가 된다. 이는 너무도 상식적인 결과이다. 세계 여러 나라가 이런 이유 때문에 서로가 이득을 보는 윈-윈의 결정을 내린다. 이런 게임을 비영합 게임non-zero sum game이라고 한다.

그런데 문제가 발생하는 것은 한쪽이 다른 한쪽에 위협threat을 가하는 경우다. 월등한 국력 차와 한미 간의 특수관계를 고려하면 미국이 한국을 위협할 수단은 많다. 다시 〈표 2〉를 보자. C의 경우가 한국에는 최선이지만 미국에게는 A가 최선이다. 즉, 미국으로서는 A로 가고 싶은 유혹이 존재한다. 이때 미국은 한국에게 "만약 한국이 수입을 거부한다면 우리는 FTA를 비준하지 않을 것이다"라고 위협을 가할 것이다. 즉, 미국은 D로써 한국의 C를 위협할 수 있다. 한국 입장에서는 미국의 이런 입장이 너무나 확고해서 어떻게 할 여지가 없다고 판단되면 A로 갈 수밖에 없다. 왜냐하면 A의 이득(50)이 C의 이득(100)보다 작지만 D의 이득(0)보다는 훨씬 크기 때문이다.

이는 한미 FTA를 찬성하는 정부 고위 관료들의 한결같은 논리 구조이다. 여타의 각론에서 약간씩 손해를 보더라도 전체적으로 우리가 조금이라도 이득이면 그렇게 간다는 것이다. 그러나 과연 이 결과, 즉 A의 경우가 현실적으로 최선의 결과일까? 한국은 미국에 맞선 어떤 위협도 할 수 없는 것일까? 2005년 노벨 경제학상을 수상한 전략 이론의 대가 토머스 셸링Thomas Schelling에 의하면 자신의 이득값을 삭감함으로써 효과적으로 상대방을 위협할 수 있다고 한다.

한국이 A의 경우로 갈 수밖에 없는 이유는 쇠고기를 수입했을 때의 손해

토머스 셸링

가 FTA를 했을 때의 이득보다 크지 않다는 대전제 때문이다. 만약 쇠고기 수입으로 인한 손해가 FTA에 의한 이득을 초과하면(즉 100보다 더 크면), 한국이 A로 가지는 않을 것이다. 다시 말해 한국 정부가 쇠고기 수입의 손해를 100보다 작다고 인정해버리면 스스로 운신의 폭을 줄이게 된다.

만약 통상 관리들이 쇠고기 수입의 손해를 FTA의 이득보다 두 배 (200)로 크게 계산했다면 이때의 이해득실은 〈표 3〉과 같다. 이 표에 의하면 한국은 C에서 D로 갈 수는 있을지언정 A로는 가지 못한다. 즉, 스스로의 이득을 삭감해버리면 누가 봐도 한국이 수입 개방을 하지 않으리라는 것이 분명해진다. 따라서 미국에게도 한국으로 하여금 A로 가게 할 유인 요소가 제거된다.

		미국의 결정	
		FTA 인준	FTA 거부
한국의 결정	쇠고기 개방	A (-100, 15)	B (-200, 5)
	수입 거부	C (100, 10)	D (0, 0)

〈표 3〉 한국의 이득 삭감: 한국이 쇠고기 수입에 의한 손해를 크게 보았을 때의 이해득실.

토머스 셸링에 의하면 "성공적인 위협이란 그것을 이행할 때 상대방보다 자신이 더 많이 다친다는 위협"이다. 그러니까, 협상에 나선 한국 관리들은 〈표 2〉가 아니라 〈표 3〉을 가지고 협상에 임했어야 한다. 여기서 중요한 점은 실제 쇠고기 수입에 의한 손해가 50인지 200인지가 아니다. 실제 손해가 50이라 하더라도 협상에서 최고의 국익을 얻으려면 200이라고 설득해야 한다.

그러나 안타깝게도 현실은 이와 정반대로 나타났다. 한국 관리들은 오히려 〈표 2〉의 이해득실을 공공연하게 한국 국민들에게도 주장해왔다. 언론도 이 논리에 적극적으로 힘을 실었다. 미국과의 협상에서 스스로의 손을 묶어버린 것이다.

정말로, 그리고 본질적으로 문제가 되는 것은 과연 미국산 쇠고기를 수입할 때의 손해가 50밖에 되지 않겠느냐는 것이다. 그 손해는 아마 200보다도 훨씬 더 클 수 있다. 왜냐하면 광우병 쇠고기는 그 무엇과도 바꿀 수 없는 국민들의 생명과 건강이 걸린 문제이기 때문이다. 또한 이 과정에서 한국의 검역주권과 통상주권이 포기되었다. 생명과 주권은 돈으로 환산할 수 없다. 지금은 FTA에 의한 긍정적인 효과 자체가 문제시되고 있는 상황이지만, 설령 FTA로 인해 한국이 얻는 직간접적인 효과가 크다 하더라도 국민의 생명을 헛되이 위험에 노출시키는 것보다 좋을 수는 없다. 그러니 현실의 상황은 〈표 3〉의 A 경우보다도 훨씬 심각하다.

한국은 합리적인 플레이어인가?

이상을 종합해보면 한국의 관리들은 〈표 2〉의 계산표로 협상에 임했고 그 논리대로 국민들을 설득해왔음을 알 수 있다. 통상 관리들은 쇠고기 수입으로 인한 국가적 손해를 상대적으로 매우 낮게 책정한 것이다. 다시 말하면, 통상 관리들은 광우병에 노출된 한국 국민들의 생명과 건강은 협상과정에서 전혀 중요하게 고려하지 않았다. 그들에게 국민을 아끼는 마음이 없었다고 해도 훌륭한 협상을 위해서는 국민을 무척 '아끼는 것처럼' 해서 더 나은 결과를 얻을 수도 있었는데, 그러지 않았다.

이는 협상 자체에 최선을 다한 것이 아니라 결과를 미리 정해놓고 협상하는 시늉만 한 것이 아니냐는 의혹을 불러일으킨다. 즉, 이명박 대통령의 미국 방문을 위한 일종의 선물이라는 것이다. 만약 이명박 대통령의 말마따나 쇠고기 협상이 FTA와 전혀 무관하다는 게 사실이라면, 우리는 이 쇠고기 협상이 단지 방미 중 캠프 데이비드에서 숙박할 것인가 백악관에서 숙박할 것인가와 연동되었을 뿐이라고 예상할 수 있다.

물론 백악관보다야 캠프 데이비드에서 숙박하는 것이 조금이라도 한국에게 도움은 됐겠지만 그 정도는 매우 미미할 것이다. 편의상 이명박 대통령이 백악관에 묵을 때의 이득을 0이라고 했을 때 캠프 데이비드 숙박의 이득을 1이라고 하자(물론 이 값은 FTA를 통해 한국이 얻는 이득 100에 비해 무척 과장된 수치이다). 미국 또한 이를 통해 동맹의 건실함을 과시한 대가로 1의 이득을 얻는다고 가정하자. 이것을 정리하면 〈표 4〉와 같다.

		미국의 결정	
한국의 결정		캠프 데이비드	백악관
	쇠고기 개방	A (-199, 6)	B (-200, 5)
	수입 거부	C (1, 1)	D (0, 0)

〈표 4〉 쇠고기 협상과 방미 때 숙박 장소: 쇠고기 협상의 대가가 이 대통령 방미 시 숙박 장소와 연동되었을 때의 이해득실. 한국의 이득(1)은 과장된 값이다.

앞서 언급했듯이 게임이론이 성립하기 위해서는 모든 게임의 참가자가 충분이 합리적이며 이성적이라는 가정을 해야만 한다. 한국이 특히 미국과 갖가지 협상을 해온 것을 보면 과연 충분히 합리적이고 이성적인 플레이어인가 하는 의구심을 늘 갖게 된다. 2008년 4월 24일자 한겨레신문 기사를 보면 이명박 대통령은 쇠고기 개방을 노무현 때부터 준비된 것이라고 하면서 다음과 같이 말했다.

이 대통령은 이날 청와대에서 열린 제1차 국정과제 보고회에서 "당선인 시절 노 대통령을 만나 퇴임 전 쇠고기 문제 해결을 요청했더니 '한-미 에프티에이 협상 때 미국 쪽이 자동차 재협상 문제를 들고 나오면 쇠고기를 들고 있다가 바터(교환)하겠다. 당시 그 조건 때문에 해줄 것을 안 해준 것'이라고 말했다"며 이렇게 말했다.
이 대통령은 "하지만 이번에 미국 갔을 때 수전 슈워브 무역대표부 대표가 자동차 문제에 대한 재협상이 없음을 분명히 강조했다"며 "따라서 쇠고기 문제는 한-미 에프티에이와 상관없이 풀어줘야 했던 것"이라고 말했다.

과연 이것이 합리적이고 이성적인 협상 참가자로서의 자세인지 나는 잘 모르겠다. 우리 쪽의 기본 협상 전략을 그대로 노출시킨 점도 그렇고 막강한 히든카드 하나를 그냥 버린 점도 그렇고, 미 무역대표부의 말 한마디에 시장 개방이라는 행동을 취한 것도 이해가 되지 않는다. 엄청나게 낮은 가격으로 농약과 각종 유해물질에 절은 중국산

2008년 쇠고기 협상에서 정부는 설사 국민이 안중에 없었더라도 "국민을 무척 아끼는" 척이라도 했어야 협상에서 유리한 조건을 이끌어낼 수 있었을 것이다.

농산물이 들어와도 이제는 "값싸고 질 좋은 농산물을 먹는 것에 도움"이라고 얘기해야 하는 것인지도 잘 모르겠다.

현재 이러한 움직임은 더욱 고집스럽게 가속화되고 있다. 먹거리 영역은 안전장치 없이 완벽하게 개방되고 있다. 경제의 효율성을 높이고 타분야에서 경쟁력을 갖기 위해 먹거리를 양보하는 것은 결국 식생활 수준의 저질화로 삶의 질을 대폭 떨어뜨리는 데 크게 일조할 것이 분명하다.

전문화해야 통합적 시야를 키울 수 있다

위와 같은 시도는 정량화와 모형화의 좋은 예를 보여준다. 또한 과학으로 환원되지 않는 외교

통상의 근본적인 요소들이 무엇인지도 극명하게 드러난다. 한국과 미국이 취할 수 있는 행보들을 제한하고 단순화시켜 모형화하고 각각의 행보가 빚어내는 결과를 손쉽게 비교하고 해석하는 것은 게임이론의 이점이다. 그러나 이 이론 자체가 결코 할 수 없는 것이 바로 각 행보를 수치로 환산하는 과정이다. 각각의 행위가 가져올 결과를 비교하고 그 득실을 따지는 과정은 이해 당사자 간의 의견 조정이나 서로 중요하다고 여기는 바에 따른 가치관의 차이를 고려해야 하기 때문에 쉽사리 과학적 방법론으로 환원되기 어렵다. 예를 들어 한미 FTA 체결 때 한국의 이득에 대한 쇠고기 수입 시의 한국의 이득을 수치로 표현하기란 매우 까다롭고도 힘든 작업일 것이다.

그러나 아무리 어렵더라도 사회 현안들을 의미 있게 정량화하기 위한 노력을 기울이지 않는다면, 오히려 각 당사자들의 이해관계를 합리적으로 조정하기 힘들 뿐만 아니라 다른 나라와의 각종 협상에서 어떤 자세를 취해야 할지에 대한 일종의 가이드라인을 확보하지 못하게 될 것이다. 국방에서와 마찬가지로 좋은 모형을 잘 만들기만 한다면 논의의 핵심을 보다 생산적인 방향으로 돌릴 수 있다. 만약 우리가 위와 같은 게임이론의 틀을 받아들이기로 한다면, 남는 문제는 미국산 쇠고기를 수입했을 때 구체적으로 우리가 어떤 이익이나 손해를 볼 것인지 보다 면밀하게 따져 그 상대적 가치에 대한 사회적 합의를 이끌어내는 것이다. 즉, 사회의 고민을 보다 전문화·세분화시킬 수 있고 그 모든 결과를 통합적인 시각에서 관찰하는 것이 좀더 가능해지리라 기대된다.

제4부
인간

우리가 알 수 있는 것은 확률뿐이다

중력 이론 없이 우주 연구가 가능할까?

양자역학과 관찰자

세상에서 가장 아름다운 물리학 방정식

'인류원리'가 실종된 한국 정부

우리가 알 수 있는 것은 확률뿐이다
양자역학의 세계

■ 에너지 덩어리로서의 빛의 성질 입증한 광자가설

양자역학quantum mechanics은 말 그대로 양자화quantized된 물리량에 대한 역학이다. '퀀텀quantum'이라는 단어는 '질quality'과 반대되는 개념으로서의 '양quantity'과 관계가 있다. 양자를 좀더 쉽게 말하자면 '덩어리'라고 할 수 있다. 양자역학의 세계에서는 물리량이 덩어리져 있다.

양자역학의 시초는 독일의 막스 플랑크가 1901년 20세기의 시작과 더불어 흑체복사를 설명하면서부터였다. 흑체black body란 흡수한 빛을 잘 반사하지 않아 검게 보이는 물체를 말한다. 큰 상자에 조그만 구멍을 하나 뚫어놓으면 그 구멍이 정말 검다. 구멍으로 들어간 빛이 다시 그 구멍을 통해 나오기가 무척 어렵기 때문이다. 이와 마찬가지로 우리 눈의 안구는 훌륭한 흑체다. 사람의 눈동자 안을 들여다보면 아주 검다.

물체가 열을 받아 주변보다 온도가 높아지면 그 열을 다시 빛으로 주변에 내놓는다. 흑체도 가열하면 열을 낸다. 이것을 흑체복사라고 한다. 과학자들은 흑체가 복사할 때 나오는 빛의 파장에 따른 에너지를 조사했다. 이 결과가 세기말의 과학자들을 괴롭혔다.

고전역학에 의하면 빛은 파동이다. 파동의 에너지는 그 진폭에만 관계하고 파장과는 무관하다. 그런데 짧은 파장의 빛은 같은 크기의 흑체 안에 더 많은 개수의 파동으로 존재할 수 있다. 따라서 흑체가 복사할 때 짧은 파장의 빛일수록 더 많은 에너지를 내놓아야 하고, 극단적으로 짧은 파장의 빛은 무한히 큰 에너지를 낼 것으로 예상된다.

그러나 실험 결과는 정반대였다. 빛의 파장이 어느 정도 짧아지면 오히려 복사 에너지가 급격하게 감소한 것이다. 이 결과는 고전역학으로는 설명이 불가능했다. 플랑크는 빛의 에너지가 파장에 따라 덩어리져 있다고 가정함으로써 흑체복사를 성공적으로 설명했다. 그 에너지 덩어리는 파장에 따라 달라지는데 플랑크는 파장이 짧을수록 큰 에너지를 가진다고 가정했다.* 이렇게 되면 흑체가 가지고 있는 제한된 에너지 때문에 임의로 짧은 파장의 빛이 방출되기 어렵다. 왜냐하면 임의로 짧은 빛은 플랑크의 가정에 의해 무척 큰 에너지를 가

---

* 파장이 짧은 자외선이 투과율이 높은 것도 짧은 파장의 빛이 높은 에너지를 가지기 때문이다.

질 것이고, 이 값이 흑체의 에너지보다 크면 그 빛은 흑체에서 복사되지 못할 것이기 때문이다.

에너지가 이런 식으로 덩어리져 있으면 그 에너지 덩어리를 더하는 방식도 고전역학과는 다르다. 고전역학에서는 빛의 에너지가 임의의 연속적인 값을 가질 수 있다. 즉 흑체가 복사하는 빛의 에너지를 고전역학으로 구할 때는 가능한 모든 파장대의 에너지를 연속적으로 더해야 한다. 어떤 값을 연속적으로 더하는 수학적 과정이 바로 적분이다.

그러나 플랑크의 가설이 맞다면 에너지는 임의의 연속적인 값을 가질 수 없다. 파장이 정해지면 그 파장에 해당하는 최소 에너지가 존재한다. 빛의 파장과 에너지를 연결시켜주는 자연의 근본적인 상수는 플랑크의 이름을 따서 플랑크 상수(h)라 불린다. 이때 빛이 가질 수 있는 에너지의 값은 주어진 파장에 대해 이 최소 에너지 값의 정수배만 가능하다. 이는 마치 빛이 알갱이와도 같아서 하나의 빛 알갱이가 파장에 따라 최소의 에너지를 갖는 것과도 같다. 플랑크는 이렇게 불연속적으로 듬성듬성 존재하는 에너지를 더해 실험 결과와 완벽하게 일치하는 흑체복사곡선을 얻었다.

플랑크가 흑체복사를 설명하기 위해 도입한 이 가설을 광양자 가설이라고 한다. 광양자는 흔히 줄여서 광자라고 하는데, 빛이 일종의 에너지 덩어리로서 파동이 아닌 입자처럼 행동하는 모습을 묘사한다. 광자가설은 1905년 아인슈타인이 광전효과 photoelectric effect를 설명할 때 다시 도입하여 큰 성공을 거둔다. 광전효과란 금속에 빛을 쪼였을 때 전자가 튀어나오는 현상이다. 이 전자가 형성하는 전류를 측정함으로써 금속 속의 전자가 얼마만큼의 에너지를 가지고 금속을 탈출했는지 알 수 있다.

전자가 빛으로부터 에너지를 받아 금속을 탈출하는 현상 자체는 빛을 고전적인 파동으로 해석하더라도 충분히 설명이 가능하다. 문제는 그 세부적인 양태였다. 광전효과의 가장 큰 실험적 특징은 빛의 세기가 아무리 세더라도 파장이 충분히 짧지 않으면 전자가 튀어나오지 않는다는 것이었다. 고전역학에서는 빛의 에너지가 빛의 세기(즉 진폭)에만 비례하므로 이 결과는 납득되기 어려웠다. 이때 아인슈타인은 플랑크의 광자가설을 받아들여 광전효과를 성공적으로 설명했다. 광자가설에 의하면 빛이 특정한 에너지 덩어리를 가지고 있는 입자처럼 행동하며 그 에너지 값은 오직 파장에 의해서만 정해진다. 따라서 빛의 세기에 의존하지 않고 파장에 의존하는 전자의 에너지가 쉽게 설명된다. 광자가설에서 빛의 세기는 광자의 개수에 해당한다. 광자의 개수가 아무리 많아도 그 개개의 광자가 충분한 에너지를 가지고 있지 않으면 금속에 속박된 전자를 빼낼 수 없다.

양자역학의 정신을 실현하다

1913년 닐스 보어Niels Bohr, 1885~ 1962는 획기적인 원자모형을 들고 나왔다. 보어의 원자모형은 몇 가지 대담한 가정을 전제로 하고 있다. 그 전제들은 보다 심오한 이론에서 도출된 것이라기보다 실험적으로 밝혀진 원자의 성질들 특히 원자가 방출하는 빛의 스펙트럼을 잘 설명하기 위해 짜깁기된 것들이었다.

보어 이전에는 러더퍼드가 제안한 원자모형이 있었다. 러더퍼드의 모형은 기본적으로 태양계와 유사하다. 원자의 한가운데에 원자 대부분의 질량이 모여 있는 핵이 있고 그 주변을 전자가 돌고 있다. 이는 마치 지구가 태양 중심을 공전하는 것과 같다.

이런 러더퍼드의 모형은 그러나 치명적인 결함을 지니고 있었다. 전자는 지구와 달리 전기전하를 가지고 있다. 전기전하를 가진 입자가 원운동을 하면 빛을 방출하면서 에너지를 잃는다. 그에 따라 전자의 공전궤도가 줄어든다. 결국 전자가 안정된 궤도를 유지하지 못하기 때문에 원자는 원자로서의 특정한 성질을 보일 수 없다. 또한 러더퍼드 모형에 의하면 전자가 임의의 궤도에 있을 수 있는 반면 원자의 선스펙트럼은 설명할 길이 없었다.

보어는 아예 가정 단계에서 원자의 안정 궤도를 전제했다. 그리고 양자역학과 관련지어 주목할 만한 가정을 도입했다. 이른바 '전자 각운동량의 양자화'가 그것이다. 각운동량angular momentum은 운동하는 물체가 가지는 중요한 물리량으로서 질량과 회전반경과 회전 선속도의 곱으로 주어진다. 고전역학에 의하면 각운동량은 임의의 값을 가질 수 있다. 보어는 이 값이 불연속적으로 띄엄띄엄 떨어진 값을 가진다고 가정함으로써 이 조건이 충족되는 궤도에만 전자가 안정적으로 존재한다고 생각했다. 또한 원자의 선스펙트럼은 높은 에너지의 전자가 낮은 에너지로 떨어질 때 그 에너지 차이만큼 빛으로 방출되는 것으로 설명했다. 이때 방출되는 빛의 파장은 광자가설에 부합하여 정해진다.

보어의 원자모형은 러더퍼드 모형의 모든 결함을 극복하면서 성공적으로 원자의 성질들을 설명해냈다. 비록 그의 모형이 나왔을 때는 양자역학이 완전한 모습을 갖추기 전이었지만, 그 핵심 가설들은 양자역학의 기본 정신을 충분히 반영한 것들이었다. 특히 각운동량의 양자화 가설은 좀처럼 받아들이기 쉽지 않았으나 얼마 후 드브로이가 그 공백을 훌륭하게 메웠다.

드브로이de Broglie, 1892~1987는 1922년 자신의 박사학위 논문에서 물질파matter wave라는 개념을 들고 나와서 세상을 놀라게 했다. 고전적으로 파동이라고 생각했던 빛이 입자적 성질을 가지고 있다면, 고전적으로 입자라고 여겼던 전자도 파동의 성질을 가지고 있지 않을까? 이와 같은 대칭적인 생각을 발전시켜 드브로이는 전자 같은 입자도 그 운동량(질량과 속도의 곱으로 주어진다)에 반비례하는 파장을 가진다고 주장했다. 이 파장은 플랑크 상수에 비례한다. 플랑크 상수가 무척 작은 숫자이기 때문에 우리가 일상적으로 접하는 물체의 물질파 파장은 너무나 짧아 파동적 성질을 알아차릴 수가 없다.

전자처럼 미시세계에서 움직이는 입자는 그 운동량이 작아 상대적으로 물질파 파장이 꽤 길다. 이에 따라 전자는 파동의 성질을 드러내기도 한다. 실제로 미국 벨 연구소의 데이비슨Clinton Davisson, 1881~1958과 저머Lester Germer, 1896~1971는 1927년 우연히 금속 결정을 통과하는 전자가 파동과 같은 회절무늬를 드러냄을 알게 되었다. 전자를 발견한 J. J. 톰슨의 아들인 G. P. 톰슨이 같은 해 비슷한 실험으로 전자의 회절현상을 관찰했다. 데이비슨과 톰슨은 1937년 공동으로 노벨상을 수상했다.

코펜하겐 해석의 탄생

양자역학이 체계적인 모습을 갖춘 데에는 1925년 하이젠베르크와 슈뢰딩거 덕이 컸다. 하이젠베르크는 행렬을 써서 미시세계 소립자들을 기술하였고, 슈뢰딩거는 그의 이름이 붙은 파동방정식(슈뢰딩거 방정식)을 개발했다. 이 둘은 각각 행렬역학과 파동역학으로 불렸으나 곧 서로 동등함이 밝혀졌다. 배타원리를 주창하고 중성미자를 예견한 파울리 Wolfgang Pauli, 1900~1958는 행렬역학을 써서 수소원자의 에너지 준위를 계산하여 그 스펙트럼과 정확히 일치하는 결과를 얻기도 했다.

슈뢰딩거 방정식은 행렬역학에 비해 수학적으로 다루기가 손쉬워 정규과정에서는 모두 이 방정식을 배운다. 슈뢰딩거 방정식은 파동함수 wave function라고 불리는 어떤 물리량에 대한 미분방정식이다. 한동안 이 파동함수가 물리적으로 무엇을 의미하는지 알 길이 없었다.

그러던 중 1926년, 괴팅겐 대학의 막스 보른 Max Born, 1882~1970은 슈뢰딩거 방정식의 파동함수에 대해 경천동지할 해석을 내놓았다. 그는 파동함수의 제곱*이 파동함수가 기술하는 입자의 존재 확률이라

---

* 엄밀하게 말하자면 복소제곱이다. 파동함수는 일반적으로 허수를 포함하는 복소수이다.

고 주장했다. 이에 따르면 슈뢰딩거 방정식으로 수소원자의 파동함수를 완벽하게 풀더라도 우리가 알 수 있는 것은 전자가 어떤 에너지 상태에 있을 확률뿐이다. 이는 고전적인 인식과는 너무나 거리가 멀다.

보른의 확률론적 해석과는 달리 고전역학의 관점은 결정론적이다. 어떤 물리계의 초기 조건이 주어지면 그 계의 모든 것을 알 수 있다. 양성자와 전자로 이루어진 수소원자라는 물리계를 어떻게든 물리 이론으로 풀었다면, 전자가 어떤 에너지 상태에 있는가를 명확하게 예측할 수 있다는 것이 고전역학의 정신이다. 보른의 확률론적 해석은 고전역학의 관점에서는 도저히 받아들이기 힘들었다. 무언가 우리가 모르는 요소들이 있을지언정, 어떤 물리계에 대해 우리가 알 수 있는 모든 것이 기껏 특정한 상태에 존재할 확률뿐일 리가 없다는 것이다.

많은 물리학자들이 파동함수의 확률론적 해석을 받아들이지 않았음은 당연했다. 여기에는 슈뢰딩거와 드브로이, 심지어 아인슈타인도 포함된다. 특히 아인슈타인은 양자역학을 어떻게 이해할 것인가를 놓고 보어와 치열한 논쟁을 벌였다. 아인슈타인의 기본적인 생각은 "신은 주사위 놀이 따위는 하지 않는다He does not throw dice *"는 말에 잘 드러나 있다. 그는 양자역학이 옳을 경우 생각할 수 있는 모순

---

* Letter to Max Born (4 December 1926); The Born-Einstein Letters (translated by Irene Born) (Walker and Company, New York, 1971)

된 물리적 상황을 사고실험으로 만들어내 보어에게 제기하곤 했다. 그러면 보어는 그 문제가 어떻게 해결될 수 있는지를 아인슈타인에게 설명했다. 아인슈타인은 아직 우리가 알지 못하는 숨겨진 변수hidden variable가 있어서 지금은 확률적으로만 이해할 수 있는 것처럼 보일 뿐이라고 생각했다.

한걸음 더 나아가 아인슈타인은 포돌스키Boris Podolsky, 1896~1966, 로젠Nathan Rosen, 1909~1995과 함께 EPR(세 명의 머리글자) 모순이라는 사고실험을 만들어내기도 했다. 그러나 이후 많은 실험들은 양자역학의 손을 들어주었다. 보어, 하이젠베르크, 보른, 파울리 등은 이러한 논쟁을 거치며 양자역학에 대한 표준적인 해석의 틀을 마련했다. 이것을 양자역학에 대한 '코펜하겐 해석'이라고 한다. 코펜하겐 해석은 일상적인 우리의 경험과는 무척 다르다. 그중에서 몇 가지를 보자면 다음과 같다.

보어　　　　하이젠베르크　　　보른　　　　파울리

1. 어떤 물리량 P에 대해 주어진 물리계 S의 고유 상태eigenstate E가 존재한다.

   고유 상태란 우리가 물리계 S에서 물리량 P를 얻게 되는 그런 상태들을 말한다.

2. 물리계 S는 일반적으로 P의 고유 상태들의 중첩으로 표현된다.

   여기서부터 좀 어렵다. 고전역학이나 우리의 일상 경험에서는 이런 일이 없다. 고전역학에서는 말하자면 물리계가 연속적인 고유 상태에만 존재하는 것과 같다. 그러나 양자역학에서는 불연속적인 고유 상태들이 중첩되어 나타날 수 있다. 예컨대, 고전역학에서는 수소원자의 전자가 바닥 상태에 있거나 혹은 1차 들뜬 상태에 있거나 하는 식으로 명확한 하나의 고유 상태에만 머문다. 반면 양자역학에서는 바닥 상태와 1차 들뜬 상태가 애매하게 섞여 있는 상태가 가능하다. 일반적으로는 가능한 모든 고유 상태들이 중첩되어 나타날 수 있다. 이런 상태를 결맞음 상태coherent state라고도 한다. 한동안 뜨거운 논란을 일으켰던 양자컴퓨터는 이 성질을 이용하여 계산한다.

3. 중첩 상태에 있는 물리계 S에서 물리량 P를 측정하게 되면, 고유 상태가 중첩되어 있는 정도에 따라 P의 값이 확률적으로 결정된다.

   이것이 보른의 확률론적 해석이다. 예를 들어 물리계 S가 (상태 1)과 (상태 2)의 중첩으로 이루어져 있다고 하자. 좀더 구체적으로, S=1×(상태 1)+2×(상태 2)라고 하면 S에는 (상태 1)보다 (상태 2)가 2배 더 많이 중첩되어 있다. 따라서 P값을 측정할 때 (상태 1)의 P값(P1이라고 하자)을 얻을 확률보다 (상태 2)의 P값(P2라고 하자)을 얻을 확률이 4배 높다(확률은 중첩된 정도의 제곱에 해당한다).* 측정을 했을 때 (상태 1)의 값이 나올지 (상태 2)의 값이 나올지는 전혀 알 수 없다. 아인슈타인이 불만스러워했던 점도 이 부분이다.

4. 일단 측정이 이루어지고 나면 물리계 S는 그 측정값을 주는 고유 상태로 완전히 고착된다.

앞의 예에서 S의 P값을 측정하여 만약 P1값을 얻었다면 S는 즉시 (상태 1)로만 고착된다. 즉, S=(상태 1)만 남게 된다. 이것이 양자역학에서의 측정의 가정이다. 물리계의 어떤 물리량을 측정할 때 그 값이 얼마일지는 확률적으로 정해지지만, 일단 그 값이 측정되고 나면 물리계는 다른 모든 고유 상태들이 없어지고 측정된 물리량을 주는 고유 상태 하나만 남게 된다. 이런 상태를 결어긋남 상태incoherent state라고 한다. 그리고 이 상태에서 다시 같은 물리량을 측정하면 100퍼센트의 확률로 원래의 값을 얻는다.

이때 원래의 물리량 P가 아닌 또다른 물리량 Q를 측정하면 상황

---

* 실제로는 각 계수인 1과 2를 적정한 수($\sqrt{1^2+2^2}=\sqrt{5}$)만큼 나누어주어야 한다. 그래야 확률의 총합이 1이 된다.

이 좀 복잡해진다. 이 경우 (상태 1)을 다시 물리량 Q의 고유 상태들로 전개할 수 있다. 왜냐하면 (상태 1)은 P의 고유 상태이지 Q의 고유 상태는 아니기 때문이다. 일단 (상태 1)을 Q의 고유 상태로 전개하고 나면 앞의 2~5 과정을 반복하게 된다.

양자역학의 이런 모습들이 처음에는 분명 낯설고 또 마술처럼 보일지도 모른다. 그 때문에 양자역학과 관련해서 온갖 재미있는 일들이 벌어진다. 또 때로는 격렬한 철학적 논쟁의 대상이 되기도 했다. 한 가지 확실한 것이 있다면, 아직도 우리 인류가 양자역학을 100퍼센트 정확하게 이해하지 못하고 있다는 점이다. 이는 역사상 이름난 물리학자들이 시인했을 뿐만 아니라 여전히 현재진행형이다.* 그러나 적어도 아직까지는 코펜하겐의 해석이 잘 들어맞는 것처럼 보인다. 자연이 왜 그렇게 작동하는지, 더 깊고 심오한 수준에서 아직 이해하지는 못하고 있지만 말이다.

---

* 1999년 노벨상을 수상한 현존하는 최고의 물리학자 중 한 명인 네덜란드의 토프트Gerardus 't Hooft, 1946~ 도 코펜하겐 해석이 다소 불만스럽다고 말한 적이 있다.

중력 이론 없이 우주 연구가 가능할까?
한국의 첫 우주인

■ 태곳적부터 짊어졌던 한국인의 '천형'

                       2008년 4월 8일 이소연 씨가 한국인으로서는 처음으로 지구를 탈출해 마침내 우주에 첫발을 내디뎠다. 마침 2009년은 미국의 아폴로 우주선이 달에 착륙한 지 40년이 되는 해라 우주에 대한 관심이 그 어느 때보다 높아질 모양이다. 우주를 향한 꿈에 가슴 설레지 않는 사람이 과연 몇이나 될까 싶지만 자연과학을 현직에서 연구하고 있는 나의 감회는 남다른 면이 있다.

  내가 어린 시절을 보냈던 1970년대의 동네 꼬마들은 거의 압도적으로 장래 희망을 과학자라고 말했다. 특목고 진학이 장래 희망인 요즘 초등학생들은 그 분위기를 상상하기 어려울지도 모르겠다. 거기에는 태권V나 마징가Z에서부터 박정희 정권의 핵무기 개발 소문에 이르기까지 숱한 요인들이 있었겠지만 본격화된 우주 개발도 분명 한몫을 했다. 71년생인 나로서는 동네 형들이 "넌 아폴로가 달 착륙하는 거 못 봤지?"하며 놀려대는 것이 무척이나 야속했다. 나 또한 낙서장에 즐겨 그리던 그림이 새턴V형 로켓이었다. 아폴로 11호가 지구를 출발해 지구 궤도를 돌고, 그 궤도를 이탈해 달로 향하고, 사령선과 기계선이 착륙선과 결합해서 달 궤도로 진입하고, 마침내 달 착륙선이 달에 착륙한 뒤 다시 이륙해서 달 궤도를 도는 모선과 결합하고, 그다음 지구로 돌아올 때는 사령선만 귀환하는, 그 모든 숨 가쁜 과정을 잘 기억하지 않으면 대화 상대가 되기 어려웠다.

왜 그렇게 우주개발계획에 열광했을까. 아마도 그 가장 큰 이유는 그것이 우리의 실현되기 어려운 꿈을 현실로 보여주기 때문일 것이다. 케네디 대통령이 했던 그 유명한 연설, "우리는 1960년대 안에 달에 갔다 올 것입니다. 그것이 쉽기 때문이 아니라 그것이 어렵기 때문입니다"라는 말이 그래서 해답이 될지도 모른다.

인류의 문명사를 어떻게 볼 것인가에 대해서는 여러 가지 관점이 있을 것이다. 그 중심축의 하나로서 과학기술의 발달을 잡는다면, 인류의 문명사는 자연이 인류에 짊어지운 한계를 하나씩 극복해온 역사라고 할 수 있지 않을까. 우리가 태고부터 짊어지고 가야 할 그 '천형' 가운데 가장 혹독한 것을 꼽으라면 이 땅에 발 딛고 살아야 한다는 점일 것이다. 왜 우리는 그러해야 하는지 그 이유조차 알지 못한 채 오랜 세월을 살아왔다. 우리가 한시도 땅을 벗어날 수 없는 것이 발아래 땅덩이가 우리를 잡아당기고 있기 때문이라는 사실은 겨우

300여 년 전에야 뉴턴에 의해 밝혀졌다. 새처럼 자유롭게 날고 싶다는 시적 욕망은 다소 투박하게 '지구중력 탈출'로 바뀌었다.

새처럼 하늘을 나는 꿈은 라이트 형제의 첫 비행 이래 이루어졌지만 그것은 여전히 지구 중력장 내에서 공기의 양력을 이용한 것이었다. 인간이 몸소 지구 중력장을 이기고 지구 주변의 궤도를 돌면서 무중력 상태를 체험한 것은 유리 가가린이 처음이었다. 불과 40여 년 전의 일이다.

2008년 한국 최초의 우주인 이소연씨가 러시아의 소유즈 우주선을 타고 국제우주정거장에 탑승하여 우주 비행에 성공하면서 한국도 이제 그 '천형'을 벗었다. 비록 남의 우주선과 남의 로켓을 빌려 장도에 나서기는 했지만, 그 의미를 가벼이 볼 수는 없을 것이다. 남이 쓰던 봅슬레이를 빌려 타고 한국판 쿨러닝을 보여줬던 강광배 감독이 우리에게 새로운 세상을 열어 보여주었듯이 말이다.

이소연씨의 성공적인 우주비행은 한국사회에 많은 파장을 불러올 것으로 예상된다. 우선 정부 차원의 우주개발계획이 탄력을 받을 것이다. 2009년에는 외나로도 우주센터가 완공되고 거기서 직접 국산 위성을 우리의 로켓으로 쏘아 올릴 계획이다. 2007년 11월 발표된 계획에 의하면 총 3조 6천억 원을 투자해 2020년까지 탐사선을 달 궤도에 보내고 2025년 달 표면에 탐사선이 착륙할 예정이다. 우주 공간이 새로운 영토 개념으로 인식되며 군사적·안보적·경제적 가치가 날로 높아지는 상황에서 자립적인 항공우주기술을 확보하고 각종 프로그램을 구체화하기 위한 국가적 노력은 매우 중요하다.

또한 이미 항공우주 산업이 차세대 성장 동력 산업으로 지정된 만큼 이와 직간접적으로 관련된 산업 분야의 획기적인 발전이 기대된다. 유인우주계획에 적용된 기술들은 극한 상황에서 인간 생존을 위해 개발된 것들이라 일상생활에서도 큰 활용 가치를 가질 가능성이 높다. 기초과학에 대한 전 사회적인 관심이 자연스럽게 증가할 것이라는 기대도 놓칠 수 없는 파급 효과 중 하나다.

그러나 이렇듯 눈에 보이는 효과보다 훨씬 더 눈여겨봐야 할 점은 바로 본격적인 한국 우주인 시대가 새로운 세대의 문화 아이콘으로 자리 잡게 될 가능성이다. 사람들이 새로운 상상력에 눈을 뜨고 새로운 꿈을 꾸게 된다는 것 자체가 사회 전체에 큰 활력을 줄 수 있다. 한 가지 예를 들자면, 요즘 주춤하고 있는 한류 열풍에 한국 우주인 시대가 새로운 동력을 불어넣을 수 있다. 아직도 한국의 인기 드라마에서 사극 비중이 높다는 것은 그만큼 우리의 5천 년 역사 그 자체가 훌륭한 이야깃거리이기 때문이다. 그러나 그나마도 이제는 소재 고갈로 어느 정도 포화 상태에 이르렀다. 이는 영화나 다른 스토리 관련 매체에도 마찬가지이다. 그런데 소재의 협소함은 조금 다른 각도에서 바라볼 수 있는 단면이 있다. 즉 한국 드라마에는 '미래'를 다루는 얘기가 별로 없다.

사실 우주선을 날려 보내지 못해본 나라에서 「스타워즈」 같은 영화가 나오기는 참 어렵다. 상상력이 그렇게 대담해질 수도 없거니와 경험해보지 않고서는 얻을 수 없는 현장감과 그 느낌이라는 것은 하늘에서 그냥 떨어지지 않는다. 지구중력을 탈출해본 경험은 새로운 콘텐츠에 대한 가능성을 타진하고 다양한 창작 욕구를 자극할 것이다. 기초과학에서조차 가장 중요한 것은 상상력과 이야기 재구성 능력이다.

그리고 이 모든 것을 우리가 직접 한다는 경험, 한국 땅에서 꿈을 꾸고 현실화시킬 수 있다는 경험을 하는 것은 무척 중요하다. 박찬호 이후로 메이저리그가 더이상 현실에서 불가능한 꿈속에서의 무대만은 아니었듯이, 이소연 이후로 우주는 더이상 차갑고 낯선 강대국들만의 공간은 아닐 것이다.

근본이 밑바닥인 한국 과학

그러나 세상에 공짜란 없는 법이다. 대학 시절 영화 「아폴로 13」을 처음 봤을 때 사실 나는 경악했다. 지금 책상 앞의 컴퓨터만도 못한 대형 컴퓨터도 그러했고, 끝없이 생겨나는 문제들과 시행착오를 지켜보며 사람을 우주로 내보내는 게 차라리 불가능한 일은 아닐까 하고 의심할 지경이었다. 더 나아가서 지금 내 눈앞에 세련되고 깔끔하게 정돈된 과학 이론들이라는 것도 모두 그처럼 상상조차 하기 힘든 극한의 도전들을 극복한 결과물이라는 점을 어렵지 않게 유추할 수 있었다.

그런 만큼 눈에 보이는 한순간의 화려한 성공 뒤에는 보이지 않는 곳에서 일하는 수많은 사람들의 피땀이 있었고 수없이 많은 실패가 있었다. 특히나 우주개발계획과 같은 국가적인 프로젝트를 준비할 때는 이 보이지 않는 부분에 대한 세심한 배려가 필수적이다.

미국이 1957년 이른바 '스푸트닉 충격'에 빠졌을 때 대처한 방식을 한번 눈여겨봐야 한다. 물론 소련과의 경쟁을 의식한 나머지 NASA를 창설하고 아폴로 계획을 추진하면서 무모했던 면도 많았지만, 각급 단위 학교에서 기초과학 교육 개혁에 나서는 등 급할수록 원칙에 충실하려는 모습은 확실히 우리와는 다르다. 강대국이기 때문에 그럴 여유가 있었다기보다 절박한 시절에도 나름대로 원칙을 고수했기 때문에 강대국이 될 수 있었던 게 아닐까? 그 교육 개혁의 내용과 방향이 옳으냐 그르냐를 놓고 갑론을박이 있을 수는 있다. 그러나 적어도 '충격'에서 벗어나는 국가적 대처 방안이 상당히 종합적이고 심도 있었다는 점만은 평가받을 만하다.

이렇게 원론적인 이야기를 꺼내는 이유는 한국이 아직도 그 수준을 따라가지 못하고 있기 때문이다. 내 주변의 많은 현직 과학자들은 2008년의 한국 우주인 배출 사업을 보면서 기대와 우려를 동시에 드러냈는데, 그 우려의 핵심은 "쇼로 끝나지 않을까" 하는 점이었다. 물론 정책 당국자 중 아무도 이 사업을 의도적으로 '쇼'로만 끝내려고 하지는 않을 게다. 우려되는 것은 이런 종류의 사업에서 무척 중요한 대목, 즉 '보이지 않는 부분'이나 '원칙과 기본에 속하는 부분'에 대한 세심한 배려가 없을 때 의도하든 그렇지 않든 결과적으로 '쇼'로 귀결된다는 것이다.

가장 단적인 예를 들어보자. 이소연씨가 날아가는 우주 공간을 지배하는 물리법칙은 (지금까지 우리가 알고 있는 한) 아인슈타인의 일반상대성이론이다. 그러나 이 또한 완벽하지는 않아서, 우주의 크기가 매우 작아 양자역학의 효과가 크게 나타났을 것으로 예상되는 초기 우주에서는 잘 작동하지 않는다. 과학자들은 좀더 만족스러운 중력이론을 얻기 위해 여전히 노력 중이며, 현대 물리학이 해결해야 할 가장 근본적인 문제 가운데 하나로 여기고 있다.

불행히도 한국에서는 중력이론을 제대로 연구하는 사람이 한 손에 꼽힐까 말까 할 정도다. 첨단의 중력이론은커녕 필자가 비공식적으로 알아본 바에 의하면, 몇몇 상위권 유명 대학 물리학과에서도 일반상대론 강의가 전혀 없는 실정이다. 한국에서 버젓이 대학 물리학과를 졸업해도 상대성이론 하나 제대로 못 배우고 졸업할 확률이 지극히 높다.

우주선에 우주인 태워 보내는데 상대성이론이 무슨 대수냐고 할지도 모르겠다. 과연 그럴까? 특수상대론에 의하면 운동하는 물체의 시간은 팽창한다. 즉, 시간이 느려진다. 또한 일반상대론은 중력이 강할수록 시간이 역시 느려진다고 예측한다. 이 두 가지 효과는 고스란히 인공위성에 반영된다. 지표상에서 원하는 위치를 알려주는 GPS 위성들도 예외는 아니다. 우리가 흔히 쓰는 차량의 내비게이션 장치는 위성에서 보낸 신호를 받는 데 걸린 시간으로 거리를 측정한다. 이 인공위성들이 상대론적 효과를 보정하지 않으면 적어도 지상에서 수 킬로미터에 달하는 오차가 생긴다.

또다른 예는 지금 강원도 양양에서 실제 일어나고 있는 일이다. 바로 암흑물질을 탐색하는 **KIMS**Korea Invisible Mass Search라는 실험이 그것이다. 서울대 김선기 교수가 이끄는 연구팀이 수행하는 이 실험은 우주의 감춰진 질량인 암흑물질을 탐색한다. 이 실험은 전 세계 학계가 주목하는 실험 중 하나다. 최신의 우주관측(이 부분 역시 우리나라는 매우 열악하다. 우주에 대한 기본적인 관측도 하지 않고 우주로 나간다는 건 어찌 보면 참으로 무모해 보이기도 한다) 자료에 의하면, 우주에서 우리가 알고 있는 물질은 기껏해야 4퍼센트 정도밖에 안 된다. 물질의 형태를 띠고 있으나 그 정체를 알 수 없는 암흑물질이 약 22퍼센트이고, 나머지 74퍼센트는 그 정체를 짐작조차 하기 어려운 암흑에너지로 존재한다.

암흑물질(그리고 암흑 에너지)의 정체를 밝히는 작업은 현대 물리학이 직면한 가장 시급한 문제 중의 하나이다. KIMS 프로젝트는 바로 이 문제에 도전하고 있다. 전체 실험 규모가 수십억 원에 불과한 이 실험은 한때 전기료 450만 원을 내지 못해 언제 실험이 중단될지 모를 위기에 처했다.

위의 두 사례는 말 그대로 빙산의 일각이다. 가장 근본적인 밑바닥 수준에서 정말로 아무것도 없구나 하는 절망감을 느낄 때가 한두 번이 아니다. 우리만큼은 아니지만 NASA 창설과 함께 전국의 과학 교육을 한번 뒤집었던 미국에서도 쓸데없는 과시성 우주계획 때문에 정말 중요한 과학 연구가 사장된다는 목소리가 심심찮게 나온다.

"우주여행은 보여주기식 운동경기"

지난 2007년 현존하는 최고의 물리학자로 추앙받는 미국의 스티븐 와인버그 교수를 만난 적이 있었다. 그의 책을 번역한 것이 계기가 되어 인터뷰를 진행하는 자리였다. 미국 과학 정책에 대해 질문하자 그는 지난 2004년 자신이『뉴욕

리뷰 오브 북스』에 쓴 기사 「잘못된 짓거리The wrong stuff」를 언급하며 유인우주계획을 신랄하게 비판했다.

"우주 공간에 사람을 보내는 것은 모두 다 엄청난 돈 낭비라고 생각해요. 그것은 과학적 가치도 경제적 가치도 군사적 가치도 없습니다. 아주 통속적인 보여주기식 운동경기일 뿐입니다. 극단적으로 값비싼 스포츠인 거죠. 사람들은 종종 그것을 과학과 혼동하지만 말입니다."

「잘못된 짓거리」에서 그는 부시 행정부의 새로운 유인우주계획—국제우주정거장 완공 및 달과 화성에 대한 우주인 탐사—을 맹비난했다. 그는 이 계획에 소요될 예산을 대략 1조 달러로 추정하면서 이 때문에 그보다 훨씬 더 중요한 과학 실험들—허블 망원경이나 WMAP 과학위성이나 혹은 NASA의 새로운 순수 과학 프로그램들—이 사장된다고 지적했다.

우주인이 행하는 과학 프로그램이라는 것이 고등학교 과학경시대회 수준에 불과하며 그나마도 굳이 사람이 직접 행할 필요도 없다는 지적은 흥미롭다. 허블 우주 망원경을 무인 로켓에 실어 올렸다면, 같은 가격에 무려 일곱 대의 똑같은 망원경을 쏘아 올렸을 것이라는 추정은 유인우주계획에 대해 많은 생각을 하게 한다.

와인버그의 주장을 한국 상황에 그대로 적용하기에는 어려운 부분도 있을 것이다. 에펠탑에 여러 번 오른 사람들이야 올라가봤더니 별것 없다고 할 수 있지만, 아직 가보지 못한 사람이라면 한 번은 올라가고 싶은 것이 인지상정이다. 그러나 한국과 비교도 안 될 정도로 처음부터 보이지 않는 부분까지 신경을 썼던 미국에서조차 스펙터클 쇼맨십이 최첨단 과학으로 둔갑하여 천문학적인 돈을 낭비해왔다면 한국도 이를 더욱 경계해야 하지 않을까.

스티븐 와인버그

소중한 꿈들이 한순간의 쇼나 물거품이 되지 않기 위해서는 지금부터라도 메워야 할 부분이 너무나 많다. 무엇보다 국가 차원에서 보다 대대적이고 체계적이며 장기적인 기초과학 육성 계획을 수립해야 한다.

우선 각 대학에서 기초과학을 내실 있게 가르치고 연구하는 전문 인력이 절대적으로 부족하다. 사람의 몸으로 따지자면 기초과학은 심장이고 근육이다. 실용성과 경제성에 기반을 둔 학문들은 이에 비하면 살집이고 피부이고 피하지방이다. 심장이 약하면 피부는 거칠어지고 근육량이 적으면 심한 운동을 감당할 수 없다. 요즘처럼 교육이나 과학에 경제 논리를 적용하는 것은 결국 질 나쁜 다이어트로 우리 몸의 근육을 줄이는 일이다. 우주와 기초과학에 대한 대중적 관심이 폭발적으로 증가한다 하더라도 그것을 체계적으로 받아 안을 대학에서 뒷받침해주지 않으면 아무런 의미가 없다.

이와 함께 관련 분야 핵심 연구 인력의 확보도 시급하다. 이미 보도된 사실이지만 2009년 발사 예정인 한국형 우주로켓 KSLV-1을 도입하는 과정에서 액체연료 로켓기술 확보에 실패한 사례는 지금 우리가 처한 현실과 한계를 여실히 보여준다. 또한 와인버그가 지적했듯이 우주 공간에서는 무인으로 할 수 있는 일들이 얼마든지 있다. 인명 피해 위험이 크고 비용도 훨씬 더 많이 드는 유인 계획은 꼭 필요한 경우가 아니면 신중을 기하는 것이 좋으리라.

늘 강조되는 부분이지만 제대로 된 공론의 장을 마련하는 것이 필요하다. 표어화된 정책은 딱딱한 고기처럼 대중들이 먹기에 너무 질기다. 이것은 다양한 사람들의 입에 오르내리면서 토론되고 수정되어야 육질이 부드러워지고 각이 마모되어 현실에 적용할 수 있다. 한국에서는 중요한 과학적 정책 결정이 소수의 전문가 그룹에 의해서만 이뤄지는데 이것은 덜 구워진 돼지고기를 먹는 것만큼 위험하다. 배탈이 날 수밖에 없는 것이다. 과학 관련 국가사업은 해마다 그 덩치가 커지고 비용은 천문학적으로 치솟는 데 비해 그 사회적 논의와 책임과 관리는 매우 허술한 것도 이처럼 책임질 사람들이 눈에 보이지 않게 가려져 있고 극히 소수이기 때문이다. 우주개발 사업처럼 중요한 미래 동력은 전 국민을 지지대로 삼아서 점프해야 한다.

내가 와인버그의 「잘못된 짓거리」라는 기사를 얻은 곳은 텍사스 주립대 대학생들을 위한 대중강연 안내 웹사이트였다. 자라나는 젊은 학생들에게, 현실 논리에 안주한 우리가 차마 하지 못하는 정의로운 목소리를 다른 누군가가 내고 있다는 것을, 그렇게 우리가 알지 못하는 다양한 목소리와 입장이 있다는 것을 알려주는 것만큼 그들을 자극하고 의욕을 북돋워주는 일은 없다.

양자역학과 관찰자
관측자의 중요성과 고착되지 않는 고유 상태

 과학은 객관적이다. 거의 모든 사람들이 그렇게 믿고 있다. 과학의 객관성은 도대체 어디서 오는 것일까? 가장 손쉬운 대답은 "주관적이지 않기 때문"일 듯싶다. 주관성은 인간을 염두에 둔다. 스스로 생각하고 판단하는 인간의 능력 때문에 하나의 현상을 놓고도 다양한 인간들의 주관적인 생각들이 나온다. 과학은 이렇게 다양한 인간들의 생각과는 무관한, 자연에 내재된 보편적인 법칙과 원리를 파헤친다.
 과학을 가장 과학답게 하는 요소 가운데 하나는 단연 '객관적인 실험'일 것이다. 누가 행하더라도 똑같은 조건에서는 똑같은 결과가 나오도록 고안된 실험이야말로 과학에서 주관성을 배제하거나 적어도 최소화하는 가장 강력한 도구이다. 실험에서도 실험자의 주관성을 배제하는 것이 중요하다. 그러나 관찰의 이론 의존성이 말하듯이 주관성을 100퍼센트 제거하기란 불가능하다. 똑같은 실험을 여러 곳에서 독자적으로 수행하여 그 결과를 비교하는 과정이 과학에서 무척 중요한 것도 이 때문이다. 적어도 고전역학의 영역에서는 이런 식으로 인간의 주관성을 없애왔고 그것을 과학적인 과정으로 생각해왔다.

이렇게 구축된 고전역학과 결정론적인 세계관에는 과학에 인간의 자유의지가 끼어들 틈이 없다는 생각으로 인해 적지 않은 사람들의 마음이 상하기도 했다. 이런 이들에게 양자역학의 등장은 메시아의 재림과도 같았다. 양자역학에서는 관측이라는 행위 자체가 아주 중요한 역할을 하기 때문이다.

관측의 결정적인 역할

관측이 실험에 미치는 영향을 극명하게 보여주는 예는 하이젠베르크가 주창한 불확정성의 원리에서 볼 수 있다. 실험자가 전자를 관측하는 행위를 생각해보자. 관측이란 무엇인가? 관측은 기본적으로 입자의 충돌로 인해 가능해진다. 일상생활에서 우리가 사물을 볼 수 있는 것은 빛이 있기 때문이다. 빛이 물체에 닿으면 일부는 흡수되고 일부는 반사되어 눈에 들어온다. 이것을 시신경이 포착해 뇌로 전달해서 물체의 모양과 색깔 등을 구분한다. 레이더의 원리도 이와 비슷하다. 특정한 주파수의 전파(이것도 빛의 일종이다)를 쏘아 물체에 반사되어 되돌아오는 것을 감지한다. 최첨단의 전투기나 함정 등은 적군의 레이더 탐지를 피하기 위해 각종 스텔스 기술을 적용한다. 이 기술이 적용된 비행기나 배는 전파를 흡수하거나 난반사시켜 반사율을 극도로 낮춘다.

빛이 없으면 눈으로 사물을 볼 수 없다. 그런 까닭에 빛이 없는 상황에서는 그것의 대용물을 충돌시켜 '관측'한다. 시각장애인은 빛을 감지할 수 없다. 대신 지팡이를 손에 들고 있다. 시각장애인은 지팡이를 이리저리 휘저으며 한 발씩 나아간다. 지팡이가 주변의 물체와 충돌할 때의 정보가 시각장애인의 손을 통해 전달됨으로써 시각장애인은 앞을 '보는' 셈이다. 박쥐나 돌고래는 초음파를 이용한다. 초음파를 여기저기 쏘아 주변 상황을 파악한다. 눈도 없이 초음파만으로 어떻게 그리 민감하게 운동할까 싶지만, 초음파로 재현한 태아 영상을 보면 꼭 그렇지만도 않다는 것을 알 수 있다. 인간이 만든 잠수함은 돌고래를 꼭 닮았다.

자, 이제 전자를 관측하는 우리의 실험자를 다시 생각해보자. 그녀는 지금 전자에 대고 빛을 쏘았다. 빛은 고전역학에서는 파동이지만 전자 같은 소립자와 상호작용할 때는 마치 입자처럼 행동한다. 이 입자를 광자라고 한다. 광자는 그 파장에 따라 독특한 에너지를 가진다. 이는 고전역학에서는 볼 수 없는 현상이다. 광자가 가지는 에너지는 파장에 반비례한다. 즉, 파장이 짧을수록 에너지가 크다. 이는 자외선Ultra Violet, UV의 투과력이 보통의 가시광선보다 높다는 점을 떠올리면 쉽게 이해된다.

태양빛을 프리즘으로 통과시키면 오색 무지개가 나온다. 붉은색 계통은 파장이 긴 영역이며, 파란색과 보라색 쪽으로 갈수록 파장이 짧아진다. 보라색 바깥쪽 영역이 한자말로 자외선紫外線 영역이다. 그 영역은 파장이 더 짧다. 반대로 붉은색보다 파장이 더 긴 영역의 빛은 붉은색 바깥쪽이라 하여 적외선赤外線이 된다.

한편 빛은 파장이 짧을수록 해상도가 높다. 파장이 긴 파동은 말하자면 죽 늘어진 파동이다. 그렇기에 파동의 마루와 마루 사이가 멀다. 어떤 물체의 크기가 두 마루 사이의 길이보다 훨씬 작다면 이 파동이 그 물체를 한 번 지나갈 때 파동 전체의 크기에 비해 매우 짧은 영역만 물체와 겹쳐지게 된다. 이 파동이 자체적으로 가지고 있는 유일한 길이의 척도는 자신의 고유한 파장, 즉 마루와 마루 사이의 거리뿐인데 그보다 작은 물체를 측정할 도리가 없는 셈이다. 이는 마치 보통의 30센티미터 자로는 종이의 두께를 정확히 재는 것이 어려운 것과 마찬가지이다. 자의 최소 눈금보다 더 작은 길이를 재는 것은 불가능하다. 이와 반대로 표적이 된 물체보다 파장이 짧은 빛은 이 물체를 뚜렷이 인식할 수 있다. 빛 자신이 가지고 있는 최소 척도보다 물체의 크기가 훨씬 크기 때문이다.

이제 전자를 관측하려는 우리의 실험자로 다시 돌아오자. 그녀가 전자의 위치를 정확하게 파악하려면 짧은 파장의 빛을 쏘아야 한다. 해상도를 높여야 하기 때문이다. 여기서 문제가 생긴다. 짧은 파장의 빛은 에너지가 크다. 그래서 전자의 운동에 큰 영향을 미친다. 전자의 운동 양태는 운동량momentum이라는 물리량으로 잘 표현할 수 있다. 운동량은 물체의 질량과 속도의 곱으로 주어진다.

그러니까, 전자의 위치를 정확하게 측정하기 위해 짧은 파장의 빛을 쏘면 그만큼 전자의 운동량은 큰 변화를 겪는다. 하이젠베르크는 이 점에 착안하여 그 유명한 불확정성의 원리를 만들었다. 전자의 위치를 정확하게 측정하면 할수록 그 운동량의 정확도는 떨어진다. 즉, 위치의 불확정성이 작아지면 운동량의 불확정성이 커지고, 위치의 불확정성이 커지면 운동량의 불확정성은 작아진다. 이 두 개의 불확정성은 정확히 반비례 관계에 있다. 하이젠베르크는 위치와 운동량의 불확정성의 곱이 플랑크 상수보다 작아질 수 없음을 보였다. 불확정성의 원리는 관측이 관측 대상에 영향을 미치는 대표적인 경우다.

고전역학에서는 관측이 대상에 거의 영향을 미치지 않는다. 미시세계에서는 관측 자체가 하나의 미시적인 물리 반응이다. 이 때문에 물리적 대상을 관측하는 행위 자체에 근본적인 한계가 주어진다. 불확정성의 원리는 자연에 내재한 그 원초적 한계를 의미한다.

양자역학의 코펜하겐 해석에서도 관측은 결정적인 역할을 한다. 코펜하겐 해석에서는 어떤 양자역학적인 물리계가 관측 가능한 물리량에 대응하는 가능한 모든 고유 상태들의 중첩으로 표현된다. 각 고유 상태는 이 물리계가 그 고유 상태에 대응하는 물리량의 가능한 값들을 하나씩 간직하고 있다. 누군가 이 계를 측정하지 않으면 이것은 계속 중첩 상태로 남는다. 만약 누가 이 계의 어떤 물리량을 측정하면 이것은 중첩 상태에서 관측된 물리량에 해당하는 하나의 고유 상태로 순간적으로 귀착된다. 이때 어느 고유 상태로 귀착할지, 즉 원하는 물리량이 어떤 값을 가질지는 확률적으로만 정해진다. 물리계가 관측에 의해 일단 하나의 고유 상태로 귀착되면 이 계는 계속해서 그 고유 상태에 머물게 된다. 그러나 이 고유 상태도 다른 물리량에 대응하는 다른 고유 상태들의 중첩 상태로 다시 표현된다.

물리적 계의 양자 중첩 상태와 관측에 의한 고유 상태로의 고착은 여러 가지 흥미로운 상황들을 연출하기도 한다. 그중에서 가장 유명한 것이 이른바 '슈뢰딩거의 고양이Schroedinger's cat'이다. 이것은 슈뢰딩거 방정식을 만든 슈뢰딩거가 양자역학에 대한 코펜하겐 학파의 해석에 반대하며 고안한 사고 실험이다. 슈뢰딩거 자신도 파동함수의 확률론적 해석을 받아들이지 않았다고 한다.

"관측 없인 고양이도 어정쩡하게 있다"

슈뢰딩거 고양이

우리의 슈뢰딩거 고양이가 처한 상황은 이렇다.

밖에서는 안을 볼 수 없는 상자를 하나 준비한다. 그 안에 고양이를 넣는다. 그리고 이 고양이의 운명을 결정할 장치를 설치한다. 스릴러물 영화를 보면 참 이상한 장치를 설치해서 사람을 위협하거나 죽이거나 하는데, 슈뢰딩거 고양이 실험도 좀 엽기적이다.

상자 안에는 방사성 원소가 있다. 이 원소가 붕괴하면서 전자를 낸다. 주변에는 전자를 검출하는 장치가 있다. 이 검출기와 연결된 기계 장치는 전자가 검출되는 순간 망치를 움직인다. 그 망치 아래에는 독가스가 든 병이 밀폐되어 있다. 즉 방사성 원소가 붕괴해서 전자를 내면 감지기가 작동하고 망치를 움직여 독병을 깨뜨려 고양이를 죽게 한다. 방사성 원소가 1시간 안에 붕괴할 확률은 50퍼센트로 알려져 있다.

고양이를 끔찍하게 좋아하는 사람은 틀림없이 이런 사고 실험을 좋아하지 않을 게다. 하여간 방사성 원소까지 동원되었으니 과학자들이 생각해냈음 직한 모양새는 갖춘 셈이다. 그런데 이 방사성 원소가 1시간 내에 붕괴할 확률은 50퍼센트, 즉 2분의 1이다.

이제 모든 준비가 끝났다. 질문은 단순하다.
To be, or not to be?
1시간 뒤에 고양이는 살아 있을까, 죽었을까?

언뜻 생각하기에 이게 뭐 그리 어려운 문제일까 싶다. 죽었든지, 살았든지 둘 중의 하나겠지. 1시간 내에 방사성 원소가 붕괴할 확률이 반반이니까 죽든 살든 어느 쪽이든 그 확률은 똑같이 2분의 1일 것이다. 마치 축구 경기 시작할 때 주심이 동전을 던져서 양 팀의 진영을 결정하는 것과 다를 바가 없다.
그런데 양자역학의 세계에서는 상황이 좀 복잡하다. 방사성 원소에 적용되는 물리는 양자역학이다. 그래서 이 녀석이 전자를 낼 건지 말 건지는 양자역학적으로 기술된다. 내부 사정이야 좀 복잡하겠지만 우리는 결과만 단순하게 생각하자. 전자를 낼 건지 말 건지 그게 관건이다. 그리고 그 확률은 반반이다. 방사성 원소가 취할 수 있는 상황은 이 둘뿐이다. 이 두 가지 상황이 방사성 원소의 고유 상태에 해당한다. 그러면 일반적인 방사성 원소의 파동함수는 이 고유 상태들의 중첩, 즉 단순한 덧셈으로 기술된다. 그리고 각각의 고유 상태로 고착될 확률이 2분의 1이다. 이것을 좀 폼 나게 써보면 대략 이렇다.

(방사성 원소의 상태) = (붕괴한다)/$\sqrt{2}$ + (붕괴 안 한다)/$\sqrt{2}$

여기서 $\sqrt{2}$로 나눈 것이 확률 2분의 1을 의미한다.

이제 문제가 좀 복잡해진다. 우리의 불쌍한 고양이의 운명은 바로 이 방사성 원소의 상태에 달려 있다. 이 원소가 붕괴하면 전자가 튀어나와 망치를 움직이고, 병이 깨지면 독가스에 질식해 죽는다. 1시간이 지나도 붕괴하지 않으면 그대로 잘 살아 있게 된다. 아니, 그렇다면 방사성 원소가 위와 같이 (붕괴한다) + (붕괴 안 한다) 이렇게 섞여 있는 상태는 도대체 고양이한테 어떤 의미가 있다는 얘긴가? 고양이의 상태가 죽은 상태 절반 더하기 생존 상태 절반? 이게 가능한가?

> 고전역학에 의하면 우리가 상자의 뚜껑을 열기 전에 고양이는 죽든 살든 그 운명이 결판 나 있다. 마치 동전을 던져서 손바닥으로 덮은 경우 그게 앞면인지 뒷면인지는 몰라도 둘 중의 하나로 이미 결정되어 있는 것과 마찬가지로.
>
> 그러나 방사성 원소의 상태에 양자역학을 적용하면 얘기가 달라진다. 양자역학에서는 측정을 해야만 둘 중 하나의 고유 상태로 고착된다. 뚜껑을 열고 확인하기 전에 방사성 원소가 붕괴했는지 안 했는지 알 길이 없다. 역시 '관측'이 중요하다. 그런데 고양이의 운명은 방사성 원소의 상태에 좌우된다. 따라서 고양이 역시 "뚜껑을 열었을 때 그 운명이 결정된다!" 뚜껑을 열기 전까지 고양이가 살았는지 죽었는지 알 수가 없다. 관측이 이루어지기 전에는 고양이의 상태 또한 어정쩡한 중첩 상태로 있게 된다.
>
> (고양이의 상태) = (죽었다)/$\sqrt{2}$ + (살았다)/$\sqrt{2}$

측정이라는 행위가 양자역학에 이렇게 중요한 역할을 한다는 점은 다소 역설적인 면이 있다. 측정은 뭔가 거시적인 물리법칙과 관계있는 반면 양자역학은 미시적인 세계를 다루기 때문이다. 이 난점을 피하는 한 가지 방법은 미시적인 물리계와 거시적인 관측자를 포함하는 하나의 계를 생각해서 그 계 전체에 적용되는 슈뢰딩거 방정식을 풀어 파동함수를 얻는 것이다. 이 함수는 미시적인 계를 관측하는 과학자가 어떤 값을 측정하게 되는 상태와, 관측 대상인 그 계가 또 어떤 값을 갖게 되는 상태들의 다양한 조합에 관한 모든 정보를 갖게 된다.

휴 에버렛Hugh Everett은 1957년 양자역학의 측정에 관한 다세계 해석Many World Interpretation, MWI을 내놓았다. 다세계 해석에서는 양자역학적 중첩 상태가 관측에 의해 하나의 고유 상태로 고착되지 않는다. 슈뢰딩거 고양이를 예로 들면 우리가 관측을 해서 만약 살아 있는 고양이를 보게 되면, 우리와 다른 우주에서는 우리가 죽은 고양이를 보는 관측을 한다는 것이다. 즉 각각의 가능한 고유 상태에 대한 세상들이 하나씩 열리기 시작해서 그 자신의 역사를 이어나간다. 이 각각의 세상들은 서로 의사소통을 할 기회가 거의 없다. 아마 어릴 적 이와 비슷한 상상들을 한번씩 해본 경험이 있을 것이다.

측정에 관한 양자역학의 코펜하겐적 해석은 과학적 실험의 주체와 대상 사이의 관계를 근본적으로 다시 생각하게 한다. 과학의 객관성을 위해 지금까지 배제되었던 관측자가 관측 대상만큼이나 중요한 위치를 점하게 되었기 때문이다. 물론 측정이나 관측은 사람만 하는 것은 아니다. 실험자가 사용하는 기구들은 모두 관측자의 범주에 포함된다. 그러나 사람에게 의미 있는 관측은 사람처럼 자의식, 혹은 주관성이 있는 지적 생명체에 의한 관측이다. 관측의 문제는 양자역학에서 여전히 논란의 중심에 있는 주제이기도 하다. 그만큼 인간의 존재 자체가 과학에서 그리 간단치 않은 의미를 가지고 있다.

그러나 인간의 존재가 과학에서 가장 극적인 의미를 지니게 된 것은 아마도 곧 얘기할 '인류원리anthropic principle' 때문이지 않을까 싶다.

세상에서 가장 아름다운 물리학 방정식
우주상수와 인류원리

물리학자들이 최고로 꼽는 방정식은 뭘까? 많은 물리학자들은 스스로를 아름다움을 추구하는 일종의 예술가로 생각하기 때문에 이 질문은 "물리학자들이 가장 아름답다고 생각하는 방정식은 무엇일까?"로 바꾸어도 될 것 같다. 내 짐작으로는 뉴턴의 운동방정식 $F=ma$와 아인슈타인 방정식이 순위를 다투지 않을까 싶다. 아인슈타인 하면 모두 $E=mc^2$을 떠올리는데, 내가 여기서 말하려는 아인슈타인 방정식은 이것이 아니다. $E=mc^2$은 4차원에서의 질량-에너지 등가의 관계를 나타낸다. 이것 말고 아인슈타인의 이름이 붙은 방정식이 하나 더 있는데, 정확하게 말하자면 아인슈타인의 장방정식field equation이라고 한다. 대개 아인슈타인 방정식이라고 하면 장방정식을 가리킨다. 이 방정식은 일반상대론의 근본을 요약한 것으로 다음과 같다. 아인슈타인의 중력이론이 여기 다 녹아 있으니 잠시 구경해보자.

$G_{\mu\nu}=8\pi GT_{\mu\nu}$

대부분의 독자들은 이 방정식을 처음 보았을 것이다. 위 식에서 그리스 문자 μ(뮤), ν(뉴)는 아래첨자라고 부른다. 이 첨자들은 위에 붙여도 상관없다. 이렇게 첨자가 둘 붙은 물리량을 '텐서tensor'라고 한다. 텐서는 크기와 방향이 있는 물리량인 벡터vector를 일반화한 양이다. 위 식의 좌변에 있는 $G_{\mu\nu}$는 '아인슈타인 텐서'라 부르고, 우변에 있는 $T_{\mu\nu}$는 '에너지-운동량 텐서'라고 한다. 우변의 문자 G는 뉴턴의 만유인력의 법칙에 등장하는 중력상수이다.

아인슈타인 방정식을 수학적으로 이해하려면 대학원 과정의 수업을 들어야 한다. 물론 여기서는 그런 강의를 할 생각이 없다. 중요한 점은 방정식이 말하고자 하는 바가 무엇인가 하는 것이다. 실제 물리학자들도 방정식을 수학적으로 이해하기 전에 물리학적인 스토리로 이해하려고 한다.

아인슈타인의 방정식을 이해하려면 좌변의 아인슈타인 텐서와 우변의 에너지-운동량 텐서가 도대체 무엇을 의미하는지를 알아야 한다. 아인슈타인 텐서는 한마디로 말해 시공간의 정보를 담고 있다. 좀더 정확하게 말하자면 시공간이 휘어진 정도, 즉 '시공간의 굴곡'을 나타낸다.

한편, 우변의 에너지-운동량 텐서는 말 그대로 공간에 퍼져 있는 에너지와 운동량의 분포를 나타낸다. 에너지와 운동량은 상대성이론에서 4차원의 운동량을 구성한다. 이때 정지상태의 에너지는 입자의 정지 질량에 비례한다. 이렇게 보면 에너지나 운동량이나 질량이나 사실은 본질적으로 다 같은 양이라고 할 수 있다. 실제 입자물리학자들은 광속과 플랑크 상수를 모두 1로 두는 특별한 단위계, 즉 자연단위계를 이용하는데, 여기서는 모든 물리량을 에너지 단위로 표현할 수 있다. 이 단위계에서는 질량과 운동량과 에너지가 모두 에너지와 같은 단위다(반면 길이나 시간은 에너지 단위의 역수 단위이다). 한 마디로 말해 $T_{\mu\nu}$는 뭔가 '에너지'를 표현하고 있다.

질량이 있으면 시공간은 휘어진다

지금까지의 이야기를 종합해서 아인슈타인 방정식을 말로 풀어보면 대강 이렇다.

(시공간의 휘어짐) = (에너지 분포)

누차 말했듯이 질량과 에너지는 등가다. 다시 말해 아인슈타인 방정식은 '질량이 있으면 시공간이 휘어진다'는 주장을 하고 있는 것이다! 이 관계는 들여다보면 볼수록 매력적이다. 수천 년 동안 전혀 별개라고 생각해왔던 시간과 공간, 그리고 에너지(질량)가 서로 얽혀 있는 것이다. 이 때문에 수많은 물리학자들이 이 방정식을 가장 아름다운 방정식으로 꼽을 것이라고 나는 확신한다.

일반상대성이론에서는 중력이 시공간의 특성으로 설명된다. 이것이 아인슈타인 방정식이 의미하는 바이다. 이전의 중력이론이었던 뉴턴의 만유인력의 법칙과 비교했을 때 획기적인 발상의 전환이다. 뉴턴의 만유인력이 지니는 치명적인 약점은 초등학생들 수준의 질문으로도 드러난다. 초등학교 2학년 때 사과가 떨어지는 것은 지구가 사과를 끌어당기기 때문이라는 정답으로 나를 경악시켰던 반 친구들은 아마도 뉴턴에게 이렇게 물어보고 싶었을 것이다.

"그런데요, 질량이 있는 물체는 왜 서로를 끌어당겨요?"

안타깝게도 그 친구들은 뉴턴에게서 만족할 만한 대답을 들을 수 없다. 뉴턴은 '무엇이'에 대한 답은 주었지만 '왜' 혹은 '어떻게'에 대한 답은 주지 않았기 때문이다.

아인슈타인의 일반상대성이론은 이제 그에 대한 보다 진전된 해답을 들고 온 것이다. 질량이 있으면 그 주변의 공간이 휘어진다. 이때 이 질량들은 휘어진 공간을 따라 최소의 경로를 쫓아간다. 침대 위에 무거운 볼링공을 놓으면 그 주변이 움푹 팬다. 만약 근처에 쇠구슬이 하나 있다면 패인 침대면을 따라 볼링공으로 굴러갈 것이다. 쇠구슬이 처음부터 적절한 초기 속도를 가지고 있으면 볼링공으로 굴러 떨어지는 대신 그 주변을 계속 맴돌게 된다. 지구와 태양이 서로 중력을 주고받는 상황을 일반상대성이론으로 설명하면 대략 볼링공과 쇠구슬의 관계와도 같다.*

질량이 있으면 시공간이 휘어지고, 그 굴곡을 따라 다른 질량이 움

---

* 이러한 비유는 매우 적절함에도 불구하고 치명적인 약점도 있다. 볼링공이 휘게 한 침대면은 2차원 곡면이다. 실제 태양이 공간에 주어지면 3차원 공간 전체가 휘어진다.

직인다!* 참으로 기가 막힌 설명 아닌가. 이렇게 되면 두 질량이 서로를 '느끼는' 데에 시간이 걸린다는 것도 자연스럽게 설명이 된다.

뉴턴의 중력이론은 원격작용의 이론이다. 두 질량이 있으면 그냥, 그 즉시 서로의 존재를 알아채고 중력을 주고받는다. 그러나 일반상대성이론에서는 두 질량 사이의 공간이 휘어진다. 공간이 휘어지는 요동은 물리적으로 하나의 입자라고 볼 수 있다. 이 입자는 중력을 매개하는 입자이기 때문에 중력자graviton라고 한다. 다시 말해 질량이 있는 두 물체는 공간의 요동이라는 중력자를 교환함으로써 서로 중력을 느낀다. 여기서 '시간이 걸린다.'

만약 태양의 질량이 갑자기 절반으로 줄어들었다면 주변의 공간이 이 변화에 반응하여 굴곡이 변하는 데에 시간이 걸린다. 지구가 이 공간의 휘어짐을 느끼는 데에는 시간이 얼마나 걸릴까? 시공간의 굴곡이 변화한 것이 전파되는 속도는 빛의 속도와 똑같다. 왜냐하면 중력자의 질량이 빛과 마찬가지로 0이기 때문이다. 질량이 없는 입자는 항상 빛의 속도로 진행한다.

아인슈타인 방정식이 에너지 분포에 따른 시공간의 휘어짐을 의미하는 것이라면, 우리가 살고 있는 이 우주 전체의 시공간은 어떠할까? 그 속에 있는 온갖 질량과 에너지들은 또 어떻게 우주의 시공간

---

* 지구 주변의 공간도 당연히 휘어진다. 이에 따라 달의 운동이 설명된다. 그러나 그 정도는 태양에 비해 매우 미미하다.

에 영향을 미칠 것인가를 누구라도 심각하게 생각해보지 않았을까? 이것은 어찌 보면 신이 이 우주를 어떻게 만들었을까라는 다소 불경스러운 질문에 대한 직접적인 도전일지도 모른다. 그러나 한편으로는 이 도전이 피조물인 인간으로서 필연적으로 가질 수밖에 없는 신의 선물이 아닐는지…….

여하간, 이 질문에 대한 답으로 얻게 된 우주모형을 '프리트만-로버트슨-워커Friedmann-Robertson-Walker, FRW 우주론'이라고 한다. FRW는 이 우주 공간에 대해 특별하면서도 매우 상식적이고 그럴듯한 가정을 하고 있다. 바로 공간의 '균질성均質性, homogeneity'과 '등방성等方性, isotropy'이다. 공간의 균질성은 공간상의 어떤 지점도 특별하지 않다는 성질을 말한다. 등방성이란 방향과 관계있다. 한곳에 서서 여기를 바라보든 방향을 약간 틀어서 저기를 바라보든 어느 방향이나 다 똑같으면 등방적이라고 한다. 우주가 등방적이라는 말은 우주에 특별한 방향성이 없다는 말이다.

지구나 태양 주변만 놓고 본다면 우주 공간이 그렇게 등방적이지도 균일하지도 않다. 분명히 태양이 있는 곳과 없는 곳은 다르다. 그러나 지금 우리는 우주 전체를 놓고 얘기하고 있다. 이렇게 큰 스케일에서 보자면 우주 공간은 매우 균질하고 등방적이다. 지구나 태양, 심지어 은하 따위조차도 하나의 점에 불과하다. 관측 위성들이 우주배경복사를 탐색한 사진을 보면 오히려 그 놀랄 만한 균일함과 등방성에 넋을 잃을 정도다.

우주의 균질성과 등방성을 한꺼번에 한마디로 말하자면, 우리가 살고 있는 이 우주는 어느 곳이든지 별로 큰 차이가 없다. 이것은 코페르니쿠스의 지동설과 근본적으로 그 철학이 같다. 천동설에서는 우주의 중심이 지구였다. 그것은 곧 중세 교회의 교리와도 일맥상통한다. 그런데 지구가 태양 주위를 돌게 되면 지구는 우주 공간의 중심이기는커녕 그저 그런 평범한 한 지점을 점하고 있을 뿐이다. 우주의 어느 지점도 다른 지점보다 더 낫거나 더 못하거나 특별히 구분되지 않는다. 앞서 말했듯이, 우주 공간은 무척 민주적이다.

양자역학과 중력을 꿰뚫을 이론

공간의 균질성과 등방성을 최대한 활용하면 '로버트슨-워커 측량'이라고 불리는 시공간의 구조를 얻을 수 있다. 측량metric이란 임의의 공간 위에 있는 두 지점 사이의 거리를 재는 수학적 방법이다. 평평한 지면에서 거리를 재는 방법과 구면에서 거리를 재는 방법은 분명 다르다. 이 방법의 차이가 공간의 특징을 드러낸다.

일단 특정한 측량이 주어지면 이로부터 아인슈타인 텐서를 얻는 것은 수학적으로 거의 자동이다(이 때문에 아인슈타인 텐서가 공간의 정보를 담게 되는 것이다). 따라서 우리 우주에 대한 아인슈타인 방정식의 좌변은 대략 구축한 셈이다.

문제는 우변이다. 아인슈타인 방정식의 우변은 공간에 분포한 에너지에 대한 정보를 담고 있다. 어떻게 하면 아주 그럴듯하게 우주의 에너지 분포를 잘 묘사할 수 있을까? 사실 이런 대목이 과학적 탐구에서는 매우 중요하다.

지금 우리는 아주 큰 스케일에서 우주를 논하고 있기 때문에 지구나 태양, 심지어 은하계조차도 전체 우주의 차원에서 보자면 한낱 '티끌'에 불과하다. 즉 우리가 우주에서 보는 대부분의 것은 먼지다. 먼지 말고 또 중요한 에너지의 근원은 빛이다. 성경에서도 그러지 않던가? 태초에 하나님이 빛이 있으라 하시매 빛이 있었다고. 결론적으로 말하자면, 이 우주의 물질-에너지 분포를 먼지와 빛으로 기술해서 아인슈타인 방정식의 우변을 채우겠다는 얘기다. 이로써 방정식의 구성은 끝났다. 이제 아인슈타인 방정식만 풀면 된다. 인류가 이 우주의 어느 행성에서 태어난 후 오랜 세월 끝에 알게 된 가장 강력한 과학적 도구를, 처음으로 그렇게 우주 전체에 들이댔을 때의 기분이 어땠을까.

로버트슨-워커 측량에 먼지와 빛을 집어넣고 방정식을 풀면, 먼지나 빛의 밀도와 압력, 그리고 우주 전체의 크기를 얽어매는 일련의 관계식들을 얻게 된다. 그 식들을 '프리트만 방정식'이라고 한다. 이렇게 해서 프리트만-로버트슨-워커FRW 우주론이 완성된다.

FRW 우주론은 우리 우주의 역사와 운명에 대해 아주 중대한 얘기들을 해주고 있다. 물론 이를 위해서는 프리트만 방정식들을 면밀히 분석해야만 한다. 그 결과만 간략히 소개하자면 다음과 같다.

가장 중요한 결과: 우주는 팽창하거나 수축한다. 우리가 살고 있는 우주는 시간에 따라 정적으로 가만히 있질 못한다. 요즘이야 빅뱅

이니 우주의 팽창이니 하는 말들이 상식이 된 지 오래지만 당시로서는 이것은 받아들이기 쉬운 결과가 아니었다. 아인슈타인 또한 처음에는 이 '동적인 우주dynamic universe'를 받아들이지 않았다. 이 때문에 자신이 남긴 일대의 역작인 아인슈타인 방정식을 약간 수정하였다. 수정이라고 해봐야 상수항 하나를 집어넣었을 뿐이다. 이렇게 첨가된 항이 바로 그 유명한 '우주상수cosmological constant'이다. 우주상수는 통상적으로 Λ로 표현한다. 이 값은 말하자면 우주 공간 자체가 가지고 있는 에너지다. 아인슈타인은 이 항을 집어넣어서 우주 공간이 시간에 따라 변화하지 않도록 만들려고 했다. 문제는 이렇게 되려면 여러 가지 조건이 아주 절묘하게 맞아떨어져야 한다는 것이다. 마치 연필이 뾰족한 끝으로 서 있는 것이 이론상 가능하다고 하더라도 현실적으로는 거의 불가능한 것과 마찬가지다.

정적인 우주static universe는 1929년 에드윈 허블E. Hubble의 놀라운 대발견으로 결정타를 맞았다. 우주가 팽창한다는 사실을 허블이 밝혀낸 것이다. 실제 그가 밝혀낸 것은 모든 은하들이 서로 멀어지고 있다는 사실이었다. 은하들이 서로 멀어진다는 것은 각 은하에서 나오는 빛의 도플러Doppler 효과를 관측해서 알게 되었다.

앞서 잠깐 살펴보았듯이 허블이 발견한 것은 단순히 은하들이 멀어진다는 사실뿐만 아니라 은하가 멀어지는 독특한 양상도 포함한다. 즉, 멀리 있는 은하일수록 더 빨리 멀어진다. 이는 멀어지는 은하의 상대적인 운동을 고려할 때 우주라는 공간 자체가 어디서나 똑같은 양상으로 팽창한다는 결정적인 증거다. 이는 공간 자체는 고정되어 있고 은하들만 멀어지는 것과는 차이가 있다.

과학자들은 우주의 팽창을 흔히 풍선이 팽창하는 것에 비유한다. 풍선을 불면 풍선의 표면적 전체가 팽창하면서 그 표면상의 모든 점들이 멀어진다. 우주가 팽창하는 것도 이와 같다. '팽창하는 우주 expanding universe'는 인류가 이뤄낸 가장 위대한 발견 중의 하나라고 해도 지나친 말이 아니다. 아인슈타인은 "생애 최대의 실수"라며 우주상수의 도입을 철회했다. 그러나 앞서 보았듯이 우주상수는 최근 암흑 에너지의 등장으로 다시 큰 주목을 받고 있고, ΛCDM은 아직까지는 매우 성공적으로 관측 결과들을 설명하고 있다.

FRW 우주론의 입장에서 보자면 허블의 관측 결과는 매우 고무적이다. 동적인 우주는 FRW 우주론의 자연스런 결과이기 때문이다. 아인슈타인은 비록 우주상수로 인해 약간 자존심을 구기긴 했지만, 그가 인류에게 선사한 일반상대성이론이 아니었다면 지금처럼 근사하게 우주를 설명하지는 못했을 것이다.

우주가 팽창한다면, 과거에는 지금보다 우주의 크기가 작았을 것이다. 즉, 시간을 거꾸로 돌리면 우주가 수축한다는 얘기가 된다. 그렇다면 아주 먼 옛날에는 우주가 한 점에서 시작되었다는 결론에 이르게 된다. 이것이 바로 '빅뱅Big Bang', 곧 대폭발 이론이다. 대폭발 직후에는 우주가 매우 작아서 아주 좁은 영역에 엄청난 에너지가 집중되어 있었을 것이다. 이렇게 되면 양자역학이 중요해진다. 그러나 불행히도 우리는 아직 양자역학이 지배하는 세상에서 중력을 어떻게 다루어야 할지 알지 못한다. 양자역학과 중력을 하나의 일관된 이론으로 구축하는 것은 여태껏 물리학계에서 최고의 난제로 남아 있다.

그런데 우주에 대한 관측기술이 나날이 발전하면서 과학자들은 이 우주상수가 매우 작긴 해도 0은 아니라는 사실을 알게 되었다. 그러자 과학자들은 이번에는 이 사실을 또 문제 삼고 나섰다. 왜 하필 우주상수는 그렇게 작을까? (이 문제는 '우주상수의 문제'라는 근사한 이름도 붙었다.) 예전에 인기리에 방송된 드라마 「이산」에서 유행했던 홍국영의 대사 중에 "걱정이 반찬이면 상다리 부러지겠다"는 말이 있는데 물리학자들이 꼭 이 짝이라고 할 수 있다. 왜 이것이 문제일까?

양자역학에서의 진공vacuum은 완전히 아무것도 없는 절대 무의 상태가 아니다. 하이젠베르크의 불확정성의 원리가 허락하는 한도 내에서는 순간적으로 에너지를 빌려와서 입자를 만들어내기도 한다. 이런 양자역학적 과정들을 모두 다 고려하면 우주의 공간 자체가 가지고 있는 에너지 밀도는 최소한으로 추정하더라도 플랑크 에너지의 네 제곱만큼이나 된다. 이 값과 실제 측정된 값을 비교해보면 무려 10^{120}의 차이가 난다! 제아무리 첨단 물리학이 발달했다고는 하지만 우주의 기본 상수에 대한 예측이 이렇게 터무니없이 천문학적으로 차이가 난다는 사실을 아는 사람은 별로 없다. 그만큼 우주상수의 문제는 현대 물리학이 반드시 해결해야만 하는 근본적인 문제 중의 하나다.

사람들은 원래 아인슈타인의 방정식에 들어가는 우주상수 값이 애초부터 플랑크 에너지만 한 크기의 에너지를 포함하고 있었다고 생각한다. 이 거대한 물리량이 양자역학적인 보정과 상쇄되어 현재 관측되는 바와 같은 매우 작은 값이 남는다는 것이다. 그러나 이런 식으로 천문학적인 두 개의 값을 더하고 빼서 10^{120}만큼의 미세 조정을 통해 아주 작은 값만 남긴다는 건 아무래도 거의 일어날 법하지 않다. 우주상수의 미세 조정 문제는 현재 물리학자들을 무척 곤혹스럽게 하는 문제가 아닐 수 없다.

미로에 빠지는 듯한 인류원리

우주상수 문제를 약간 생뚱맞게 해결하려고 시도한 사람은 다름 아닌 와인버그였다.* 그가 들고 나온 설명 방식이 이른바 인류원리였다.* 이것은 이른바 인간이라는 지적 생명체의 존재 자체가 어떤 물리계의 특성을 설명한다는 원리다. 인류원리를 우주상수에 적용하면 대략 다음과 같다. 우주상수가 너무 크면 우주의 팽창이 그만큼 빨라진다. 우주가 원래 그런 것보다 훨씬 급속하게 팽창하면 별이나 은하가 탄생할 겨를이 없어진다. 별이나 은하가 생기려면 적절한 시점 적절한 곳에서 중력 응축이 생길 여유가 있어야 하는데, 우주상수 값이 너무 크면 우주를 밖으로 팽창시키려는 힘이 커져서 그 여유를 주지 않는다.

---

* S. Weinberg, "Anthropic bound on the cosmological constant", Phys. Rev. Lett. 59: 2607-2610 (1987).
* 인류원리를 처음으로 제기한 사람은 카터Brandon Carter였다.

반대로 우주상수가 음의 값으로 너무 커지면 우주가 충분히 팽창하기도 전에 중력 수축을 시작해서, 은하나 별이 생기거나 그 속에서 다시 지적인 생명체가 태어날 시간이 주어지지 않을 것이다. 요컨대, 이 우주에서 인간이라는 지적 생명체가 태어나 자기가 살고 있는 우주를 다시 관찰하려면 그런 지적 생명체의 탄생에 용이한 자연환경이 전제되어야만 한다. 이 조건을 만족하기 위해서는 우주상수가 너무 커서도 너무 작아서도 안 된다. 즉, 적절히 작은 값을 가져야만 우리 자신의 존재를 설명할 수 있다. 와인버그는 자신의 논문에서 현재 물질의 질량 밀도보다 5~10배 정도 큰 값의 우주상수까지는 인류원리가 허용한다고 추정했다. 현재로서는 인류원리만이 매우 작은 값의 우주상수를 설명할 수 있는 거의 유일한 방법이다.

그러나 인류원리가 과학자들에게 100퍼센트 만족스러운 설명 방식이 아님은 자명하다. 와인버그 자신도 인류원리가 아닌 보다 근본적인 과학 원리로써 우주상수 문제를 해결하고 싶어한다. 논리적으로 생각해보더라도 우주상수의 값이 작기 때문에 인류가 태어날 수 있었다는 것은 사실이지만, 그것이 왜 우주상수가 그리 작은가에 대한 직접적인 답은 결코 아니기 때문이다. 만약 인류의 존재가 현재의 우주상수 값을 설명한다면, 그렇다면 우주가 처음 생길 때 먼 미래에 인류라는 지적 생명체의 존재를 미리 기획이라도 했을까 하는 의문이 남는다. (종교인들은 되레 이런 설명을 더욱 좋아할지도 모르겠다.)

인류원리가 다시 최근에 각광을 받게 된 데에는 초끈이론의 영향이 컸다. 초끈이론은 끈이론을 초대칭화한 이론이다. 초끈이론에서는 만물의 근본이 1차원적인 끈이다. 기존의 양자장론이 만물의 근본을 차원이 없는 일종의 점입자point particle로 여기는 것과는 매우 다르다. 끈이론이 이론 내적으로 일관되려면 시공간이 무려 26차원이어야 한다. 여기서 시공간을 초대칭화해서 초끈이론을 만들면 그 내적 정합성을 위해 필요한 시공간이 10차원이다. 지금 우리는 시공간 합해서 4차원에 살고 있으므로, 만약 초끈이론이 맞다면 나머지 6차원이 어떤 형태로든 우리의 4차원 주변에 들러붙어 있어야만 한다. 이 부가적인 6차원이 꽤나 크다면 그 효과를 간접적으로 이미 확인했을 것이다. 하지만 사실은 그렇지 않았기 때문에 부가적인 6차원은 매우 작은 영역(혹은 매우 높은 에너지 영역)에 조밀화compactification되어 있을 것이라고 생각할 수 있다.

과학자들은 이 조밀화 과정을 자세히 살펴보기 시작했다. 마이크 더글러스는 특정 끈이론에서 가능한 조밀화의 방식이 10^{500} 정도임을 밝혔다. 물리적으로 가능한 초기 상태가 대략 이 개수만큼 많다는 뜻이다. 레온 서스킨트는 이것을 '풍경landscape'이라고 불렀다. 가능한 물리적 초기 상태(혹은 진공 상태)가 이렇게 많다면 그중 하나에 우리가 살고 있다는 것을 증명하기 위해서 우리는 또다시 인류원리에 기댈 수밖에 없을지도 모른다. 서스킨트 등은 최근 이런 유행의 선두주자다.

적지 않은 과학자들이 이 유행을 달갑게 여기지 않는다. 내 주변의 많은 동료 연구원들도 "이제 더이상 물리를 하지 말자는 소리"라며 불만스러워하는 경우를 쉽게 볼 수 있다. 초끈이론을 전공하는 한 연구원은 더글러스의 연구 결과를 두고서 "일종의 재앙"이라며 경악스러워했다.

초끈이론에서 가능한 진공 상태가 10^{500}만큼이나 많다면 양자역학에 대한 휴 에버렛의 다세계 해석이나 혹은 다중우주multiverse와도 뭔가 일맥상통한다는 느낌을 가질 법도 하다. 다중우주는 '유니버스universe'에 대응하는 말로, 우리가 살고 있는 우주가 이 자연에서 유일하지 않다는 의미를 담고 있다. 우주론을 연구하는 몇몇 과학자들은 오래전부터 이런 유의 또다른 우주가 자연스럽게 생길 만한 가능성이 있다고 얘기해왔다. 우리와는 다른 다중우주에서는 우리의 물리법칙이나 자연상수들조차도 모두 달라질 수 있다.

그렇다면 우리가 살고 있는 우주 말고 또다른 우주에서는 그 우주상수가 꼭 우리와 같지도 않을 것이다. 심지어 (최소한) 10^{500}이나 되는 진공 상태 각각이 저마다의 우주상수 값을 가질 수 있다면 그 많은 가능성 중에서 10^{120} 정도의 미세 조정 따위는 문제도 되지 않을 것이다. 즉, 물리학에서의 거의 모든 미세 조정 문제는 자연스럽게 해결된다.

대신 왜 우리가 하필이면 10^{500}개의 상태 중 하나에 살고 있는지를 설명해야만 한다. 이것은 어찌 보면 또다른 미세 조정의 문제일지도 모른다. 인류원리를 적극적으로 옹호하는 사람들은 우리 인간의 존재 자체가 그 수많은 가능성의 상당 부분을 제거할 수 있다고 주장한다. 생명체가 태어나기에 적합한 환경(은하나 별이나 행성이 형성되는 따위)이 우주에서 만들어지고, 실제로 그 어느 곳에서 생명체가 태어나 오랜 시간 진화가 가능해야 하며, 마침내 고등의 지성을 가진 생명체가 생겨날 조건은 매우 까다로운 조건임에 분명하다. 인간의 존재 자체가 우주의 근본적인 비밀에 대한 결정적인 단서가 되는 셈이다.

나 또한 개인적으로 인류원리를 썩 만족스럽게 여기지는 않는다. 인류원리를 들여다보면 마치 미로와 모순에 빠진 에셔의 그림을 들여다보는 느낌이다. 그러나 좀더 넓게, 아니 좀더 너그럽게 생각해본다면 1세기 전 양자역학이 처음 나왔을 때도 이와 비슷한 분위기이지 않았을까 상상해본다. 지금도 논란이 많은데 당시에는 확률론적인 해석이니 하는 말들이 정말로 물리의 포기로까지 여겨지지 않았을까? 그렇기에 나는 인류원리에 대해서도 좀더 열린 마음(누구보다 이 자세가 필요한 사람들이 과학자들이지만, 한편으로 과학자들만큼 자기 고집이 센 사람들도 드물다)을 가진다면, 지금 상황을 그만큼 더 즐길 수 있으리라고 본다.

아마도 혹은 적어도 인류원리는 물리학의 최첨단에서 인간과 과학 사이의 새로운 관계를 모색하는 징검다리의 역할을 톡톡히 수행하는 것 같다.

'인류원리'가 실종된 한국 정부
디오클레티아누스의 교훈

로마 제국에 관심을 가지게 된 것은 순전히 시오노 나나미의 『로마인 이야기』 덕분이었다. 1990년대 말 처음 책이 번역되었을 때 이것 때문에 장안의 종이 값이 오른다는 소문이 나돌 정도였다. 책읽기에 시큰둥하던 내가 책을 잡아든 것도 『로마인 이야기』 때문이었다.

시오노 나나미가 20년을 준비해서 15년에 걸쳐 매해 한 권씩 집필한다는 기획 자체도 매력적이지만, 그녀의 펜 끝을 통해 전해지는 로마 제국의 실체는 당시 (아마 지금도) 한국사회를 홀리기에 충분했다. 무엇보다 로마 지배계층의 철저한 노블리스 오블리제가 사람들의 마음을 울렸다. 예컨대 한국사회에서는 권력이 많고 지위가 높을수록 병역을 기피한 사례가 많은데, 로마에서는 하층민에게는 병역의 기회조차 주지 않았다. 군인으로 국가 방위에 나서는 일은 나라에서 큰 특권을 누리는 사람들의 명예로운 의무라는 것이다.

『로마인 이야기』를 읽으면서 나는 카이사르가 어떻게 갈리아 지방을 정복했는지, 공화정 체제를 어떻게 무너뜨리고 새 시대를 열었는지, 그리고 그 후계자 아우구스투스가 어떻게 제정 로마의 기초를 닦았는지 아주 자세히 알 수 있었다. 작가 시오노 나나미는 확실히 카이사르의 열혈 팬이었다. 그렇게 시오노 나나미의 안내를 따라 로마 역사를 쫓아가던 내 시선이 멈춘 곳이 있었다. 바로 디오클레티아누스(245~313) 황제였다. 사실 나도 처음 들어본 이름이었다. 아니, 아마 들어봤을지도 모른다. 그러나 로마사에 관한 한 내가 학창 시절에 배운 내용은 거의 기억나지 않는다.

디오클레티아누스는 하층민 출신이었다. 그래서인지는 몰라도 284년 로마 황제에 오르기 전의 그에 대해서는 알려진 바가 거의 없다고 한다. 디오클레티아누스가 황제에 올랐을 때의 로마 제국은 결정적인 위기라고는 할 수 없지만 국가 방위와 관련해서 시급히 해결해야 할 몇 가지 문제가 있었다. 북쪽으로는 라인 강과 도나우 강 너머의 야만족들에 대한 견제가 필요했고, 동쪽으로는 페르시아라는 동방의 대국이 버티고 있었다. 남쪽인 북아프리카 지역에서는 사막 민족들이 호시탐탐 약탈을 노리고 있었으며 제국 내부에서는 도적떼도 들끓었다.

시스템으로 환원되지 않는 인간 자율성

디오클레티아누스는 어수

선한 제국을 추스르기 위해 이른바 양두 정치체제를 들고 나온다. 5살 연하인 그의 친구 막시미아누스를 자신과 똑같은 공동 황제로 임명한 것이다. 그가 황제에 오른 해 가을의 일이다. 자신은 제국의 동방을 맡고 막시미아누스에게는 제국의 서방을 맡겼다. 혼자서는 그 넓은 제국을 통치하기가 힘겨웠기 때문일까? 물론 같은 황제라도 그가 좀더 높은 위치에 있었던 것은 사실이다.

이렇게 양두체제로 유지되던 로마 제국은 293년 사두체제로 바뀐다. 사두체제의 기본은 두 명의 정제正帝, Augustus와 두 명의 부제副帝, Caesar이다. 동방의 정제는 물론 디오클레티아누스였고 서방의 정제는 여전히 막시미아누스였다. 디오클레티아누스는 자신의 부제로 갈레리우스를, 막시미아누스는 콘스탄티우스 클로루스를 지명했다. 네 명의 정제와 부제는 각각이 통치하며 방위를 담당하는 지역이 정해져 있었다.

동방 정제 디오클레티아누스는 지금의 터키에서부터 메소포타미아 지역 일부, 아라비아 반도 북부, 이집트 북부를 지배했다. 동방 부제 갈레리우스는 그리스와 발칸지역을 담당했다. 서방 정제 막시미아누스는 독일 남부에서 이탈리아 본토와 북아프리카 일부를 맡았고, 서방 부제 콘스탄티우스 클로루스는 영국, 프랑스, 스페인, 포르투갈 등 중서부 유럽을 책임졌다. 사두체제가 12년 정도 지속되었다고 하니 꽤 잘 작동했던 모양이다.

디오클레티아누스는 동방식 전제군주정을 로마에 도입한 황제로도 알려져 있다. 화려한 황관을 머리에 쓰고 의복도 그를 따라갔다. 자신과는 또다른 황제와 부제를 임명하면서 전제군주로 변신하는 모습은 언뜻 이해가 되지 않는다. 디오클레티아누스는 사두체제를 구축하면서 제국의 방위를 그런대로 유지하고 내부 개혁도 단행했다. 이전과 비교해서 획기적이라고 할 만한 정책들을 들자면 병력 증강, 군·민간의 경력 이동 금지, 세제 개혁, 통화 개혁, 직업 세습제, 가격 통제 등이 있다. 이 가운데 적지 않은 정책들은 제국을 사분하여 네 명의 정·부제가 분할 통치하는 데에서 비롯되었다. 이른바 규모의 경제학을 거꾸로 실천했다고 생각해보면, 한 명의 황제가 넓은 제국을 통치할 때보다 훨씬 많은 비용이 들 것이 분명하다. 군 병력도 그런 연유로 증대되었다. 각 정부제를 뒷받침할 공무원들도 그만큼 많이 필요해져 군 경력과 민간 경력이 분리되기 시작한다.

  군과 민간 사이의 자유로운 인재 유통은 사실 로마 제국의 오랜 전통이었고 로마를 떠받치는 관습이었다고 해도 과언이 아니다. 디오클레티아누스의 개혁 이래로 로마는 비대해진 관료사회로 나아간다.

  디오클레티아누스가 새로이 구축한 로마 제국은 이전에 비해 언뜻 보기엔 무척 세밀해졌고 체계적인 것처럼 보인다. 실제 행정 단위도 이전보다 더 세분화되었다. 그가 직업 세습제를 도입한 것이나 가격 통제 정책을 실시한 것만 봐도 제국의 세세한 부분까지 황제 자신이 결정하고 틀을 잡으려고 한 것 같다.

  저자인 시오노 나나미는 디오클레티아누스의 이런 시책들을 그리 달가워하지 않는 듯하다. 아마도 그 모습이 전혀 로마답지 않거나 적어도 제국을 정초한 카이사르나 아우구스투스의 방식과는 정반대인 면이 많았기 때문일 것이다. 내가 디오클레티아누스를 주목한 이유는 그가 구축한 시스템 때문이었다. 로마 하면 누구나 로마법과 로마가도를 떠올리듯이 언뜻 보기에 로마는 체계와 시스템의 제국이라는 생각을 쉽게 가질 수 있다. 나 또한 디오클레티아누스를 만나기 전까지는 로마=시스템으로 이해하기도 했다. 그렇기에 디오클레티아누스의 개혁 조치들은 로마식 전통을 잘 따른 게 아닐까 하는 생각도 했었다.

그런데 디오클레티아누스의 시스템에는 역기능이 너무나 많았다. 가장 큰 문제는 제국 전반의 유동성이 대폭 줄었다는 점이다. 우선 4명의 정·부제가 제국을 분할 통치하다보니 각 황제의 구역에 있는 군대는 자기 영역을 지키는 데에만 급급해진다. 이쪽의 군대를 저쪽으로 옮기기가 쉽지 않은 것이다. 이래서는 효율적인 제국 방위가 어렵다. 군무와 정부를 분리한 것이나 직업을 세습시킨 덕분에 계층 간의 원활한 이동도 어렵게 됐다. 어느 나라를 불문하고 계층 간의 활발한 이동이 막히면 마치 동맥경화에 걸린 신체처럼 큰 병에 걸리고 만다. 가격 통제는 말할 나위도 없다. 시스템이 도리어 본질을 왜곡하는 셈이다.

여기서 나는 제도나 시스템으로 환원되지 않는 인간의 자율성이 얼마나 중요한가를 보게 되었다. 아무리 시스템이 체계적이고 자기 완결적으로 구축되어 있다 하더라도 그 체계 속에서 사는 사람들, 혹은 체계를 움직이는 사람들 자체를 고려하지 않으면 모든 게 무용지물이 되고 만다. 제도를 만들고 시스템을 구축하는 근본적인 이유는 그 속에 사는 인간들의 안녕과 복지 때문이다. 그러나 많은 경우 위정자들은 자신만의, 혹은 자신만을 위한 제도와 시스템을 만들거나 시스템을 위한 시스템을 만든다. 한국사회에 여전히 각종 규제가 많이 남아 있는 이유도 아마 이 때문일 것이다.

로마 천 년의 역사가 보여주는 '여백'

시스템으로 환원되지 않는 인간의 자율성을 발견하고 그것을 매우 중요한 요소로서 시스템에 반영한다는 것은 무척 어렵다. 그것은 인간 자체에 대한 깊은 통찰이 없이는 불가능하기 때문이다. 카이사르나 아우구스투스가 천재적인 지도자로 평가받는 이유는 아마 이 점에서 탁월했기 때문이 아닐까 하고, 나는 디오클레티아누스에 이르러서야 깨닫게 되었다. 확언하건대, 시오노 나나미가 『로마인 이야기』를 통해서 궁극적으로 하고 싶었던 제국 통치의 정도도 아마 이 인간에 대한 깊은 통찰이었을 것이다.

카이사르나 아우구스투스의 시책들을 보면 뭔가 엉성해 보이기도 하고 빈 곳이 눈에 확 들어오기도 한다. 정복자들을 쉬 로마의 일원으로 받아들인 점도 그렇고, 비교적 적은 수의 군단으로 드넓은 영토를 방어한 것도 그렇고, 아주 낮은 세율의 세금으로 재정을 충당한 것도 그러하다. 그 빈틈을 메운 것은 바로 야만족의 로마화, 지방분권화, 그리고 상류층의 사회 환원이었다. 제국의 국민들에게 어떤 비전과 철학으로 다가갈 것인가, 그들이 지금 요구하고 있는 것의 본질은 무엇인가를 정확히 꿰뚫고 있지 못하면 감행하기 어려운 결단들이다. 유무형의 제도로는 결코 메워지지 않는, 국민들의 자발적인 동참만이 메울 수 있는 여백을 남겨두는 능력, 바로 이것이 로마 천 년의 역사를 이끈 토대가 아니었을까.

디오클레티아누스 황제를 보면서 나는 새삼 인간의 존재 자체가 결국 모든 문제의 출발점일지도 모른다고 생각하게 되었다. 사실 정치라는 영역 자체가 종국에는 인간을 위한 온갖 행위들이니까 당연히 그럴 수밖에 없기도 하다. 그렇지만 종종 우리는 이 지극히 당연한 명제를 잊고 산다.

과학에서의 인류원리는 인간의 존재 자체를 자연의 질서가 간직한 비밀을 풀 수 있는 중대한 실마리를 제공하는 계기로 인식된다. 반면에 정치는 그런 인간의 존재를 위해 후천적으로 구축된 체계이고 행위 양식이다. 그러나 민주주의가 고도로 발달한 현대 사회에서도 온갖 제도가 오히려 인간을 위협하는 경우가 있다. 보통 제도라는 것이 누구에게 이득이 되면 다른 누구에게는 칼이 되는 식이 그렇다. '부자들을 위한 제도' '가난한 사람들을 위한 제도'라는 말 자체가 끊임없이 흘러나오는 것 역시 제도의 대표적인 모순적 성격을 보여준다. 제도가 모든 이들을 만족시킬 수는 없다. 하지만 적어도 이득을 보는 쪽과 불이익을 당하는 쪽이 너무 큰 폭으로 떨어지지는 않게 조절되어야 한다. 그런데 세계화나 FTA 등과 관련된 제도들을 도입하려는 움직임에는 이런 노력이 결핍되어 있다. 힘 있는 소수 다국적 기업과 국민 일반에게 돌아가는 혜택과 불이익은 균등하지 않다는 것은 상식화되어 있다. 그로 인해 예상되는 불균등한 이해관계에 대한 불만의 목소리는 우선 세계화부터 하고 보자는 식의 동어반복적 설득 구조 아래로 억지되고 은폐되기 일쑤다. 즉, 세계화는 거스를 수 없는 대세이니 여기서 소외되면 국제적으로 고립된다는 식의 공포심을 불러일으켜 자유무역의 추동력을 확보한다.

이와는 약간 다른 차원이지만 법질서 확립을 위해 불법 시위를 엄단하다는 논리는 어떤가. 오늘날 제도라는 것이 이처럼 계급적 비대칭성을 갖는 것이라면 이에 따르는 갈등과 소요는 불가피하다. 게다가 범국민적 의견 수렴과 조정과정도 없이 만들어진 제도는 더욱 그럴 가능성이 크다. 결국 국가는 제도 자체의 모순점을 가리기 위해 시위의 '불법성'을 강조함으로써 무력으로 개입한다. 이 때문에 어떤 문제가 쟁점화되면 우리 사회는 가난한 사람들의 생존과 법질서를 수호해야 한다는 논리가 맞서는, 마치 닭이 먼저냐 달걀이 먼저냐는 악순환에 빠져들게 되는 것이다.

이런 제도 우위의 사고, 법 환원적인 사고는 인간을 끊임없이 소외시킨다. 인간을 위해 태어난 정치가 마치 '후레자식'처럼 그 근원을 잃어버리고 경제적 논리로만 움직이게 된 것이다. 인류원리를 적용해서 우주상수 문제를 설명하듯이, 정치나 사회 문제도 이제는 다시 한번 인간을 중심으로 놓고 생각해봐야 하지 않을까? 선천적으로 만들어진 자연의 질서도 인간이라는 지적 생명체의 존재에 알맞게 설계된 것이라면, 인간 스스로가 만든 후천적인 사회질서들 또한 응당 그러해야 함이 자연의 질서에도 매우 부합해 보인다. 간단한 예를 들면 이런 식이다. 우주상수가 너무 크거나 너무 작으면 인류가 탄생할 수 없다. 지구가 태양에서 너무 멀거나 너무 가까워도 인류가 생겨나기 어렵다. 우주를 이렇게 디자인한 신이 존재한다면 우리는 아마도 인류 탄생의 그 극한 조건을 허락한 신에게 무척이나 감사해야 할 것이다.

그러나 사회제도는 우리가 마음먹기에 따라서는 얼마든지 조절할 수 있다. 누구에게 특히 감사할 필요도 없다. 국가에서 최저생계를 보장해 주는 것도 같은 맥락이다. 사회가 보육을 책임지지 않으면 아기를 가지기 꺼려지는 게 현실이다. 우리가 후천적으로 결정하는 사회제도 하나하나가 바로 인간의 생존 자체에 직결된다. 불행히도 많은 제도들은 그 사회 구성원들이 얼마나 인간으로서 살아가는 데에 가장 적합한가의 기준이 아니라 가장 힘 있는 사람들의 영향력을 얼마나 더 강화시킬 수 있는가의 기준으로 정해지는 경우가 많다. 미국의 의료보험제도가 대표적인 예다.

따라서 어떤 사회나 국가를 놓고 평가할 때, 혹은 새로운 사회의 모델을 만들고자 할 때 우리는 과학자들이 그러하듯이 '인류원리'를 다시금 가장 기본적인 조건으로 생각할 필요가 있다. 과연 어떤 제도와 시스템이 지적 생명체로서의 인간이 생존하기에 가장 적합한가?

이 생존 조건에는 단지 생물학적 조건만 포함되는 것이 아니다. 생물학적 조건들, 최저생계나 육아나 충분한 휴식 등은 기본적으로 갖춰져야만 할 것들이다. 거기에 더해 우리는 고도의 지능을 가진 생명체로서 인간답게 살고자 하는 욕망을 모두 가지고 있다. 그 인간다움에 대한 욕망은 시대와 장소에 따라 약간 다를 수 있다. 인간 자체에 대한 통찰이 무엇보다 중요한 이유가 바로 여기에 있다.

'인류원리'가 빠져 있는 쇠고기 협상

2008년을 뜨겁게 달구었던 미국산 쇠고기 문제를 들여다보면 한국의 지배층이 얼마나 인간에 대한 통찰이 부족한지 여실히 알 수 있다. 고기값이 4분의 1정도밖에 안 된다고 해서 안전성이 의심되는 쇠고기를 먹을 사람은 거의 없다. 아마 6·25 직후였다면 상황은 달랐을지도 모른다. 그러나 지금 한국사회는 이미 절대적 빈곤을 넘어선 지 오래다. 웰빙 열풍이 분 지도 한참 되었다. 게다가 국민들은 자국 정부로부터 버림받았다는 참담함에 더 괴로워한다. 이는 2000년 전 카이사르나 아우구스투스의 관점에서 보자면 최악이다. 지도자가 이런저런 결정을 내렸을 때 이 결정이 국민들의 마음에 어떤 작용을 일으킬지 전혀 계산이 안 되거나, 혹은 그 정도는 간단히 무시되는 상황이다.

로마가 오랜 세월 광대한 영토를 제국으로 유지할 수 있었던 데에는 피지배자가 된 속주민들까지(설령 야만인들이라 할지라도) 로마인으로 철저하게 동화시킨 지배 계층의 '인류원리'가 자리잡고 있었다. 피지배자들이 로마라는 울타리 안에서 인간답게 살 수 있으리라는 확신이 들지 않았다면 그들은 새로운 로마인이기를 포기했을 것이다. 지금의 한미관계가 옛날 로마-속주의 관계와는 무척 다르지만 쇠고기 파동을 둘러싼 미국의 태도는 로마식의 제국 경영과는 한참 거리가 있어 보인다. 당시 주한 대사로 재직했던 버시바우의 한마디는 그 거리가 얼마만큼인지 가늠하게 해준다.

"한국 국민들이 미국산 쇠고기와 관련한 사실관계나 과학에 대해 좀더 배우기를 희망한다."(2008년 6월 3일)

그의 이 발언은 당연히 많은 한국인의 거센 반발과 분노를 불러일으켰다. 나는 버시바우 대사의 발언을 들으면서 새삼 인류원리를 떠올렸다. 첨단의 과학 이론에서도 인간 자신의 존재 요건이 자연의 비밀을 설명하는 매우 유력한 도구가 되는 세상임을 그는 알고 있을까? 인류원리가 깊이 관련을 맺고 있는 우주상수 문제니 초끈 경관이니 하는 이야기들은 주로 과학의 최첨단을 내달리는, 버시바우 대사의 본국인 미국에서 나온 것들이다.

물리학을 전공한 나는 물론 질병이나 수의 관련 전문가가 아니다. 이는 예일 대와 컬럼비아 대에서 러시아 및 동유럽학, 국제관계학을 전공하고 줄곧 외교관으로 살아온 버시바우 대사도 예외는 아닐 것이다. 그런 그가 이번 미국산 쇠고기 협상과 관련해서 어떤 과학적 사실들을 잘 알고 있는지, 밤새 벌건 눈으로 인터넷을 뒤지는 한국 네티즌들보다 과연 더 많은 것을 알고 있는지, 그중에서 우리 한국 국민들이 어떤 과학을 잘 모르는지 나로서는 알 길이 없다. 아마 나 또한 그 '과학적 사실'을 잘 모르는 한국 국민의 한 사람일 것이다.

그렇더라도 내가 한국 사람으로서 한 가지 장담할 수 있는 것은, 한국 국민들은 '인류원리'에 무척 충실하다는 점이다. 과학자들은 인간에 선험적으로 존재하는 자연의 질서를 이해할 때조차 인간 생존의 조건을 매우 유력한 도구로 활용한다. 하물며 후천적인 법과 제도와 온갖 사회적 협약들은 당연히 인간의 기본적인 생존과 인간답게 살 수 있는 여건을 조성하기 위해 작동해야만 한다. 안타깝게도 언제부터인가 국제 외교와 정치에서는 종종 이 근본 원리가 잊히고 있는 것이 사실이다. 어디에도 원초적인 목적이었던 인간은 없어졌다.

2008년 한미 쇠고기 협상의 가장 근본적인 문제점은 협상 결과의 한가운데에 있을 수밖에 없는 한국 국민들에 대한 인류원리가 실종되었다는 점이다. 협상과정에서 한국 국민들이 인간으로서의 생존을 보장받고 고등 지적 생명체로서 인간답게 살아갈 조건이 하나도 고려되지 않았다. 우리 국민의 생존과 존엄이 있어야 할 자리에는 미국 정치인들의 계산과 미국 축산업자들의 잇속과 한국 대통령을 비롯한 일부 계층의 잇속만이 똬리를 틀고 있었다.

버시바우 대사는 자국산 쇠고기가 얼마나 안전한지, 국제수역사무국의 기준을 미국이 얼마나 잘 지키고 있는지 등에 대한 산더미 같은 '과학적 자료'를 우리에게 들이밀지도 모른다. 우리 국민들은 그 모든 자료에 대한 반박 자료를 충분히 가지고 있지만 그러나, 그에 앞서 우리는 우리가 원하지 않는 먹거리(예를 들면 광우병 발생지역의 쇠고기 전체)를 이 땅에 들여놓지 않고 안전하게 마음 놓고 인간답게 살 기본권을 가지고 있다. 쇠고기 협상을 두고 온 국민이 분노했던 이유 중 하나는 바로 이와 같은 인간으로서의 기본 권리, 한 국가로서의 기본 주권이 온갖 말도 안 되는 난잡한 이유들로 철저히 유린되고 있기 때문이다.

나는 인간으로서의 생존을 보장받고 인간다운 삶을 누려야 한다는 일종의 인류원리를 한국 국민들 모두가 온몸으로 체감하고 있다고 본다. 인류원리로 자연의 오묘한 질서와 원리를 파헤치고자 하는 최근 과학자들의 경향에 비춰보더라도 이는 지극히 자연스럽고 과학적이다. 버시바우 대사가 알고 있다는 그 어떤 과학적 디테일도 한국 국민이 인간다운 인간으로서 존재할 수 없는 우주 공간에서는 한낱 쓰레기에 불과하다는 점을 '한국대사'를 역임했던 버시바우 자신이 먼저 알아야만 할 것이다. 로마 시절의 속주 총독이 버시바우와 같은 언행을 했다면 아마도 그의 전도는 그리 유망하지는 않았을 것 같다.

물론 그렇다고 해서 내가 디오클레티아누스를 위한 해답을 가지고 있는 것은 아니다. 다만 그가 선대 황제들의 그 '인류원리'와 인간의 보편성에 대한 통찰력을 조금이라도 배웠더라면 역사가들이 그를 기점으로 '후기' 로마 제국이라는 말을 쓰지는 않았을 것 같다.

대통령을 위한 과학 에세이
ⓒ 이종필 2009

1판 1쇄 2009년 4월 21일
1판 4쇄 2013년 10월 10일

지은이 이종필
펴낸이 강성민
편　　집 이은혜 박민수 이두루
마케팅 최현수
온라인 마케팅 김희숙 김상만 이원주 한수진

펴낸곳 (주)글항아리 | 출판등록 2009년 1월 19일 제406-2009-000002호

주소 413-120 경기도 파주시 회동길 210
전자우편 bookpot@hanmail.net
전화번호 031-955-8888(관리부) 031-955-8898(편집부)
팩스 031-955-2557

ISBN 978-89-962155-6-1 03400

이 책의 판권은 지은이와 글항아리에 있습니다.
이 책 내용의 전부 또는 일부를 재사용하려면 반드시 양측의 서면 동의를 받아야 합니다.

글항아리는 (주)문학동네의 계열사입니다.

이 도서의 국립중앙도서관 출판시도서목록(CIP)은 e-CIP홈페이지(http://www.nl.go.kr/ecip)에서 이용하실 수 있습니다.
(CIP제어번호: CIP2009001076)